張淳

教你30萬買屋當富豪

理財富媽媽
1年賺100,000,000的獲利筆記本

番外前篇

張淳淳圖解 灰姑娘變身美公主 中古屋翻修裝潢實例

所謂「建築的光」，是具有顏色、溫度、質感和深度，並左右著當中所蘊含人類精神的一種存在。國際建築大師—安藤忠雄
—一九九五年普立茲克獎得主

裝潢對房子很重要。好的裝潢設計，不但可以改變房子的外觀，還可以掩飾缺點、凸顯優點，並且改善居住的舒適度、增加實用價值，而且未來想要出售時，也可以對屋況加分，達到增加屋價的效應。

我現在要跟你分享的這個「裝潢魔術」，是松山區民生東路五段的一間公寓四樓含頂樓加蓋。我在買下這間公寓時，覺得這間公寓條件其實很不錯，邊間、採光、通風俱佳，而且面對的是兩個公園綠地，景觀很好，還可以看得到麥帥橋夜景，與一〇一大樓（如圖8-1、8-2）。而且，樓下公園的周邊有近三〇

8-1

個路邊停車位，由窗口就可以看得到，雖然公寓本身並沒有附停車位，但是停車還算方便（如圖7）。

不過，因爲是超過二〇年屋齡的舊公寓，所以外觀的二丁掛磁磚看起來十分老舊，窗戶開的很小，外面都裝了舊式鴿子籠似的鐵窗，鐵窗下緣鏽蝕的痕跡，被雨水沖刷在外面的牆上，感覺髒髒舊舊的。屋內原本是三房、一廳、一衛的格局，面積有三十八坪，原屋主將餐廳隔間牆打掉了，可能曾經想過要翻修，但是施工到一半就停工出租了。後陽台面對三角形的小天井，與鄰

8-2

7

居棟距約有一點五公尺的寬度，原有的遮雨棚早已爛掉了，後陽台曬衣服的地方，堆滿了垃圾，水管也堵塞了。而且因爲同一棟的一、二、三樓都是出租給別人，所以沒有刻意照顧，樓梯間雜亂無章、牆壁都是污漬、電燈泡也很晦暗。

我去看房子的時候，仲介幫我開門，推開門時還發出「該該」的聲音，差一點就打不開。經驗告訴我，我知道這是一間好房子，只要我能讓它從灰姑娘便成美公主，就是這間公寓起死回生的大好機會。以下，就是這間房屋在設計、裝潢前後的差別對照：

將客廳窗戶打大

把客廳的窗戶打大並加強防盜隔音窗，讓視野變好、陽光灑進來，在窗前擺放一套看夜景或喝下午茶都極舒適的桌椅。在設計上把一般窗變成多角窗，可以讓視野更好，放大呈3D廣角視覺！

舊門換新門

改裝前外門是單色系的舊式鐵門，內門是一般的三夾板空心木門、加上舊式喇叭鎖，看起來破舊沒有質感，又不安全。新的大門以現代感的仿古造型、以及新式的八段式防爆防盜鎖保全門，立刻讓入門氣勢感覺大不相同。

廚房換新

舊的廚房後面是窗戶，窗戶正對的是鄰居的廚房，而且棟距很近，所以可以說是「一家烤肉萬家香」，對面廚房在炒菜時，不但聽得到鍋鏟聲，油煙還會飄進自己家裡，所以我請設計師乾脆將廚房的窗戶封起來，將廚房與餐廳的隔間牆打掉，變成開放式廚房，讓小坪數的廚房、餐廳看起來寬敞許多。

廁所換新

舊的廁所採光不差，但是磁磚和衛浴都使用二〇年以上了，顯得老舊過時，不符合現代人的需求，我從收藏的畫中挑出一幅很適合這個案子的歐式立體畫請設計師依照相似風格打造。所以我請設計師將整間廁所的磁磚換新，以永不褪流行的大理石取代，衛浴重新裝潢完工後，掛上了這幅與這間廁所裝潢幾乎相同的一幅立體畫，相互輝映，顯出特殊趣味。

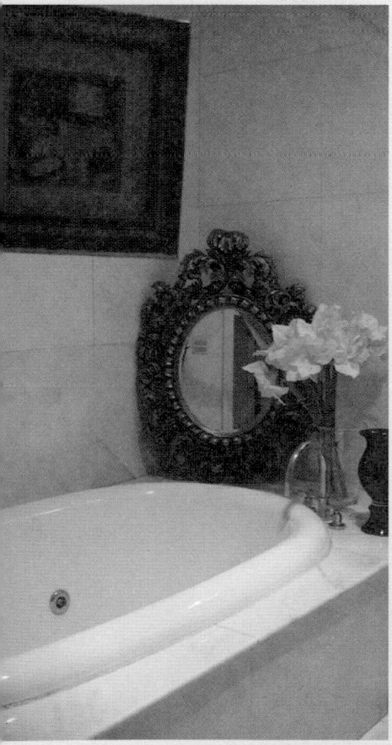

整理樓梯間

原本的樓梯間，牆壁油漆斑駁、貼著舊式的春聯，還有醜醜舊舊的鏡子以及破舊漏電的電燈開關。設計之後，我們重新油漆、換燈，請美術系的同學在牆面上以油漆畫、人造植栽裝飾，再掛上我在藝廊挑選的小壁畫，讓整個樓梯間看起來氣氛完全改變，有溫馨、幸福的味道。

後陽台改造

後陽台原本只是水泥牆跟鐵欄杆，放置了一些垃圾廢棄物，我請設計師將陽台加以綠化，以人工花草及眞樹穿插加上歐洲進口的宮庭鳥籠，就營造出一個很有氛圍的陽台了，現在有鳥兒不定期的飛來停駐！

這一間三十八坪的公寓，因爲原先屋況不佳，所以賣了許久都賣不出去，因此我買入的價格算是低廉，一坪約二十八萬，遠低於當區三十三萬元以上的行情價。汰舊換新的裝潢過程總共花費約一八〇萬元，施工過程約四〇天，整間公寓的質感就截然不同了！

（怎麼看）：廣告牆

如果一棟大樓的邊牆，正好是面對車水馬龍的商業中心、或是二〇米寬、八線道的大馬路，就會吸引廣告商的興趣。通常如果是整棟大樓的外牆，要有管委會的同意，如果是單純公寓的外牆的話，屋主自己就有決定權，建議屋主最好本身要自己負擔公共電費或是樓梯間的清潔。降低眼紅的鄰居檢舉，可能就會報拆，所以做好敦親睦鄰很重要。但是要注意颱風來襲時的安全。

整棟都是屋凸

▶ 這就是所謂的「屋凸」，意思就是屋頂凸出物。屋凸的價格跟正常屋價不同，不能算是一般房屋的價格。

▼ 這張照片是：三輪車庫？
沒錯！這棟 40 幾年的老公寓確實權狀上是登記三輪車庫。

▲平台，直上方無遮蔽物，一般稱平台。

▲ 陽台，直上方遮蔽物，所以稱陽台。

目錄 Content

用「贏家精神」一步步擺脫貧窮

張淳淳

一般大眾對我的印象，大多停留在「教授減肥的塑身老師張淳淳」；只有少數我身邊十分熟悉的朋友，才知道我一直對於投資理財很有興趣，特別是房地產。而近年來，我在房地產這門學問上，頗下過一番功夫，也在實際操作投資的過程中，得到了許多千金難買的寶貴經驗。

我八十歲的父親，是啓蒙我理財觀念的老師。小時候，爸爸總是對我說：「勤是搖錢樹，儉是聚寶盆；知識是指南針，健康是無價寶。」每次他覺得我在浪費時間時，就會開玩笑的說：「小女孩呀，妳眞好命！人家王永慶現在還在工作賺錢，妳卻可以腦袋空空的發呆、無所事事。妳眞是個比王永慶還有錢、有閒的超級大富翁呀！」但是當我超時工作時，他也會莞爾一笑，提醒我說：「妳這麼拼命工作、賺錢，是爲了存醫藥費，日後要住頭等病房嗎？」

房屋千棟，睡不過八尺；有田萬頃，食不過斗米。生活，是一種藝術。但是在「微利時代」、「M型社會」夾殺之下，想要健康富足的生存下來，並且爲自己建造一個幸福的小天地、爲下一代建立溫暖的家庭，這何嘗不是你我畢生所汲汲營營追求的呢？

現今全球貧富的差距越來越大，有錢的人財富日以繼增，買名牌不心疼也不手軟，住豪宅更是不費吹灰之力。然而，沒錢的人卻以債養債，台灣更出現了有史以來最多宗父母親帶著子女燒炭自殺的社會現象。大前研一的著作《M型社會》，更激發了競爭力日漸衰退的台灣人的恐懼：M型社會來臨了，你我該如何備戰，在快要消失的中產階級中走出一條活路呢？

再多人阻止 我還是要寫出來 因為這對你很重要

許多知道我要寫書的人，都覺得我好笨！因爲賺錢的最高境界，就是「賺錢沒人知，自由又自在！」而且我不是開仲介公司的，友人認爲，我寫了這本書之後，我一定會是這本書的最大受害者！因爲，我將我學到的、吃過虧的、獲過利的案子，全盤托出讓讀者明白，以後我要怎麼賺錢啊？

可是，我卻覺得，分享是一件快樂的事，也是一件有成就感的事。我本來就愛當老師，喜歡把自己擅長的功夫傳授給心愛的學生，「藏私」或是「留一手」，完全不符合我的個性！所謂「獨樂樂不如眾樂樂」，而且，我們也看到世界上許多有地位、有財富的先進，如股神巴菲特、川普、比爾蓋茲……等都因爲分享而獲得更多，不是嗎？所以，我還是在很多人阻止、笑我笨的情況下，寫完了這一本書。

人眞的不能不懂理財！不論你是不是含著金湯匙出世，金山銀山總會有用光的一天。我看過默默無聞的送貨小弟，三年後開著法拉利住在豪宅裡，因爲他選擇了投資房地產，讓自己掙脫了窮困、改變了人生。我也看到別人口中的大財主，慢慢的變成敗家子，不但當車、賣錶，連房子都沒得住，還欠了一屁股的債。你是否想用贏家的精神來過你的日子、創造你的人生？以前沒做，現在還來得及，千萬不要原地踏步，光說不練！否則想成功是不可能的！現在起，請拿出贏家精神，一步一腳印，努力脫離貧窮吧！

房地產是投資理財中的「王道」！

買房子不僅是一種消費，更是一種投資。一棟房子不但可以自己住，住了幾年之後，也不會因爲用舊了、住久了而跌價，只要選對了房子，反而還有向上增值的空間。不像車子，一落地就跌價了；或是股票，可能會跌到變成壁紙。對於想要投資理財的人來說，房地產等於是理財的「王道」！

除了在九二一大地震之後急賣或是SARS期間拋售房子的人，基本上，在台北市買賣房屋，是很少賠錢的。別說是我熟悉的大安區和信義區，幾乎周邊的大直、內湖、文山、南港等地區及十二個行政區的捷運沿線，都是全面看漲！在這裡住了十多年的老伯伯、老媽媽都歡天喜地，這些賣房子的錢足夠讓他們下半輩子安享晚年了！而三、四十歲的家庭型購屋族，也因爲房地產的升值，得以在賣掉房子後換到更大、更佳的地段，讓家人擁有更好的生活品質。**對於單身貴族來說，只要準備些許頭期款，把預備繳給房東的房租拿來付貸款，就可以在年紀輕輕時擁有一棟屬於自己的房子，脫離無殼蝸牛的生活。將來如果需要創業，房地產脫手後，就是一筆創業基金！**

人一定要理財。你不理財，財也懶的理你。有錢人要理財，沒錢人更要理財！否則人兩腳、錢四腳，怎麼追都追不到。我自己經歷減肥成功、及成功買屋賣屋後，我常跟朋友、學生分享一席話。我說：「我們剛出生的身體是一座充滿芬多精、青青翠翠、乾乾淨淨而且還沾著朝露的快樂山，然而我們卻常常亂吃、亂喝、不運動，將所有的垃圾食物往嘴裡塞、往肚裡吞，把我們的身體變成一座垃圾山。我們剛出生的頭腦就像是一座聚寶盆，隨著教育、讀書、人生經歷而越學越多，然而長大後我們卻常常懶惰、封閉、自大、自滿，而把聚寶盆裡的寶藏不停的往外丟。」

我曾經也是這樣的人，踐踏自己的健康、肥到九十二公斤；賺多少花多少，甚至有一分花兩分。你想要跟我一樣，清除你的垃圾山，重拾你的聚寶盆嗎？希望我的人生經驗和理財創業經歷，可以透過這一本書和大家分享！

我是一個認同「勤能補拙」的人。**我一直認為自己比別人笨，所以做任何事都比別人加倍的勤勞和努力**。每當我想要做一件事情時，我一定會全心全意的付出，甚至可以說，在全力以赴的當下，我身體的每一個細胞、每一次呼吸，都會專注在這件事情上！我追尋成功、渴望成功，因爲我明白，用心不一定能成功，但偷懶注定會失敗！我在年輕的時候，就立誓要當一名唱片界中最知名的舞蹈老師。後來，我做到了！我成爲將近二百位偶像巨星們最信任的老師！在那個時期，我也是唱片界口耳相傳、口碑最佳的的肢體舞蹈和塑身老師。

許多人減了一輩子的肥，從來沒有成功過；有更多想以房地產致富的人，歷經了三代也從沒實現過夢想。做了二十多年的舞蹈「老師」，我的細胞中總是有一股衝動，想要把我之前投資的心得和「Know-How」，跟所有對投資有興趣的讀者分享，就像我之前分享瘦身經驗一樣，我希望大家都能跟我一樣越來越好、每個家庭和孩子都幸福。而我這麼笨的人都能成功，聰明的讀者們怎麼可能會賺不到錢呢？因此，我才會動念寫這一本書。

「保持身材」及「投資致富」這兩件事，對於某些人而言，還不算困難。但是，卻有極大多數的人，可能一輩子都做不到！爲什麼呢？因爲「知易行難」，想要維持窈窕好身材跟成功的投資理財這二者有共通性：**就是不能只是空想而已，必須下定決心從這一秒鐘開始實行**！所謂「坐而言不如起而行」，但我所說的「起而行」，絕不是叫你現在馬上衝動拿錢去買房子，而是先以終身學習的心態去充實知識，有了正確的學習之後，你就會看見眼前無窮盡的好機會！你才會懂得分辨「好房子」和「買了會慘賠的房子」。

千里之行，始於足下。瘦身和理財這兩件事，絕對不能妄自菲薄，認爲自己做不到。假如你沒有正確的觀念，認爲自己現在買不起房地產，那麼，你就算活到下輩子恐怕也一樣買不起！將眼光放遠、格局放大，把亂花錢的口袋縮小、虛耗的時光切掉，你也可以跟我一樣，擁有苗條的身材和足夠讓自己舒舒服服過下半輩子的財富。

在減肥瘦身的過程，我也將這股衝勁、傻勁化爲恆心及毅力，讓我一口氣由九十二公斤瘦到四十八公斤！最幸運的是，除了讓自己瘦下來之外，也讓我無心插柳的出了一本暢銷塑身書，更因此而開創塑身減重的事業，在市場上獲得許多消費者的肯定。

近年，當我發現國家的主計處公布，國內消費指數信心下降，國人一年中減少了一一〇〇億元的消費支出，讓今年消費指數呈現衰退的同時，我也從各公司的賣場、型錄、通路上的報表中看出，M型社會的前哨站已經成型，絕大多數的人，都生活的苦哈哈，僅有少數有智慧、懂理財的人，才能繼續過著好日子。原本我一年可以做八千萬業績的公司，大約也只剩下五千萬的業績。

人脈、勤快、知識、資訊、功課、傻勁　缺一不可

一個人最大的破產是失望，最大的資產是希望！雖然「千金難買早知道」，但你該明白，地球就這麼大，土地是不會增加的，連杜拜也必須要填海造地才有新土地可用；錢卻越用越扁、越小，因此，身爲公司執行長的我，必須幫公司轉投資來創造營收，才有能力來對員工負責。

所以，說出來有點嚇人，我大膽的一口氣投入了約數千萬元的現金，跟友人、家人一起買了將近百筆的房地產！而且迅速在一年之間，讓財富倍增！除了傻勁、衝動、運氣之外，**我所做的功課、紮下的人脈，以及資訊的收集，也是我獲利的秘密武器與致勝要訣**。當然，在這些買賣的經驗中，我也得到許多血淚換來的珍貴經驗！我知道如何避開那些會令人血本無歸的買屋陷阱、如何利用專業的法律常識獲得更大保障、還有如何與頂尖的房仲業務員合作、和惜售如金的屋主交心，讓自己在投資房地產時，更加安全、穩當、有效率！這些致富的秘訣，我竭盡所能的將之整理清楚，希望藉由這本書與你們分享之後，你們也能如願買到黃金屋、成功甩脫窮困！

出版這本書，我要感謝每次在我想解約停筆時鼓勵我的淑婉（趨勢文化總監），她鍥而不捨地追稿及被通路追殺卻仍舊一路相挺的精神，讓我感動，她讓我看到出版界的堅持也讓我感受到讀者的殷殷需求。還有好媽媽安儀，經由她的潤飾這本書讓讀者讀起來饒富趣味，燦琍、祥傳、雪棻、TERRY、REMY、咪義，在我公司堅守崗位，讓我能順利完成這本書，我曾合作的仲介人員及這三十年來看著房地產起起伏伏的專家們，也給我許多經驗與智慧法則，是我的良師益友，愼謝！同時感謝協助我出書的美茜，她是陪我七年一路走來的秘書，現在是我公司網路部門的經理，營業額一年近千萬的美麗新女性，未婚、不滿三十歲。

對於我的前夫以祝福我的胸襟讓我說出我們婚姻中的不堪與甜美，對於低調如他更是顯得不易，在此願他有幸福的人生、健康的身體！最感謝的是讀者，本書若有不週之處請見諒，有益之處請你與愛的人分享。

本書送給我的寶貝女兒，爲了要出版這本書，身爲媽媽的我，怕她由別人口中聽到她爸爸媽媽已

經離婚的消息，而讓她必須在未滿十歲前，就接受父母離異的事實，眞是情何以堪！

這本書能出版，眞是得來不易，比我當年寫瘦身書有更多的阻礙、顧慮和困擾！但是，不管如何我還是堅持下去，因爲我知道，出版這本書對於讀者你們有多重要、改變將有多大！

【出版誌】我們都不是會做生意的人

這本書，從簽完約到印刷上市，共十六萬多字的內容，我們不過只花了短短的五個多月。淳淳老師和我們的工作團隊展現了超效率，連製作過程中必要的爭論和激辯都很有效率。我們大家連同老師在內，可以一邊互相反覆質疑爭論、一邊繼續趕寫故事；免不了一定有「激情」場面，但沒有人因此留下情緒。

五個月來，陳安儀寫稿、修稿、補訪、刪修、潤飾，有些故事還得推翻重來。而我跟著老師一起反覆挑剔、挑剔、再挑剔。我們成了最討人嫌的作者和編輯。但我跟老師卻很合，都是那種爲了想出一些更好的「梗」，可以三更半夜不睡覺猛傳簡訊溝通的瘋子！有時候簡訊說不清楚，老師乾脆直接拿起電話就撥過來了，有一次討論討論著抬頭一看，哇塞日出了！我還跟老師開玩笑說：我們不是情人卻一起看日出耶！

坦白說，這是個在極度的壓力下、又不肯對品質稍有妥協讓步的產物，製作過程中，不只一個身邊的工作人員問我或老師：「妳們爲什麼非得要把一本書做成這樣？爲什麼笨到把所有精華一次說盡？爲什麼非得寫那麼多內容不可？……難道不能一次只講一些、還可以出成系列呢！」

我們當然知道一頭牛可以慢慢殺的道理，市場上也多得是這種抓住一點內容就狂出猛出的書，很多人當讀者買書時都體驗過這種心情：被包裝和文案吸引，等把書買回去之後才後悔不已。被內容空洞的書騙過之後，只會對買書產生抗拒和不再信任的態度，對於買書只會更顯保守而已。但是，還是不乏這樣的書籍被推出上市，因爲多少還是可以賺到一些讀者的錢。然而，這樣對銷售就有幫助嗎？而對讀者來說呢，那些書又眞的能幫助到需要的人嗎？

我們憂心不能讓讀者一次就「成功到位」！我們憂心不能一次就讓讀者學會所有本事、讓大家都能藉此扭轉他的生活，即使只有一些改變也好！我們更憂心不能讓那些M型底部的人，都有能力慢慢靠向「有錢人」那一邊！於是我們只好一直堅持去做那些別人眼中笨蛋才會做的事，有一位老闆更可愛，他擔心我們賺不到錢，跟我說：「我覺得這本書太強了，你可以把它拆成三本來出版、一本定價二二〇元、三本就是六六〇元，比妳現在只賣二八八元不是能賺更多錢嗎？」這些，我們眞的都想過，但還是過不了自己這一關，老師說了一句名言：「我們都不是會做生意的人！」好吧，二個人都傻傻的，把本事全部傳授出去，不如再更傻一點，希望大家都乖乖照表操課、趕快成爲「張淳淳第二」、跟老師一起搶案子！哈。

特此感謝安儀的辛苦和耐性。

臺北市大安地政事務所
建物所有權狀
所有權人：張淳淳
統一編號：C220757087
建物標示：
坐　落：大安區大安段二小段
建　號：01863-000建號
門牌號：復興南路2段151巷33號6樓之1
建築完成日期：民國079年10月27日
主要建材：鋼筋混凝土造
主要用途：住家用
建物層數：六層
層　次：六層
面　積：*****52.15平方公尺
總面積：*****52.15平方公尺
附屬建物：陽台　露台
面　積：******6.80平方公尺*****29.35平方公尺
權利範圍：全部
建物坐落地號：大安段二小段 0495-0000地號
共同使用部分：
大安段二小段 01854-000 建號****102.21平方公尺
權利範圍：*****10000分之389*******
以上建物所有權業經依法登記完畢，合行發給本權狀以憑執管。
94047292

Chapter
01

理財萌芽期

國小就懂得看對象賣東西了

不可思議的「富爸爸」，啟發了我的理財大腦

鉅細靡遺的態度，遠勝過任何高明的行銷手段。～～吉卜力工作室總裁 鈴木敏夫

從小，我就愛賺錢！

我是溫州人。大家都說，溫州人是天生的生意人，溫州人的商業頭腦特別靈光。我不知道我後來做生意的頭腦是不是眞的是來自溫州人的遺傳基因使然，不過，我有一個很會做生意、節儉成性的爸爸倒是眞的！

小時候，我們家的家境很不錯。我父親自己有三艘漁船，除了出海捕魚當船長、做魚貨買賣的生意之外，也因爲要利用賣不出去的魚貨再創商機，而兼製、販賣南北乾貨，像是烏魚子、干貝、鮑魚乾、昆布乾等等迪化街常見的商品。我在台北出生，隨著父親的漁船都停靠在基隆港，所以後來搬到基隆去住，小學五年級時再度搬到桃園，父親在那時候開始轉做遠洋漁業。

他的生意越做越大，我們家也開始越來越富裕。我記得，在那個大家都買不起進口蘋果的年代，我們家的蘋果卻是用船員的大麻布袋一袋、一袋扛回來的！媽媽總是催促我們多吃，也常常傷腦筋要趕在成堆的蘋果爛掉之前加緊把它們送掉！因此，雖然從小家裡有吃不完的海鮮跟水果，但我知道，一個商品一定要在最新鮮的時候拿去換現金，否則，就只有拼命吃掉或是拿去送人請客的份。

但是，從那時候開始，爸爸在家的時間也越來越少。因爲跑遠洋商船一去就是二年，只能經由家書向他報告家中的近況及我們成長的點滴。不過，每次父親回家，我都很開心。因爲父親總會帶著他的舶來品、新鮮貨回來，像是：對講機、打字機、顯微鏡……還有很多食品雜貨！在農曆年時，他都會興致盎然的問我們：「你們要不要跟我去做生意賺點零用錢啊？」而每次我那品學兼優的姊姊和弟弟總是興趣缺缺，搖搖頭說：「不要！」只有我，總是很興奮的在腰上綁著一件上面有很多口袋的腰布包（像市場賣菜的那種），然後興高采烈的坐上爸爸的貨車，隨著滿車的貨物，一路搖搖晃晃的駛到現在仁愛路「帝寶」旁、當年的軍公教福利社的門口。

爸爸會先放我在福利社門口下車，然後給我幾條烏魚子、黃魚、干貝、鮑魚之類的乾貨，告訴我：「這條黃魚成本一斤一百五十元，這包烏魚子底價XX，我不管妳賣多少，妳有本事賣的高，多賺的錢都歸妳！」

我記得，那一年我大概只有十歲左右吧？一個小女孩，站在一堆南北乾貨後面，春節前夕在人來人往的軍公教福利社前面擺攤，每次有歐巴桑、小姐和一些爺爺奶奶經過，反應都很兩極。有的人會看著我露出笑容，讚美我：「哇！這麼小就會幫家裡做生意，好厲害喔！」但是也有人會蹙起眉頭、語帶同情的說：「好可憐喔！這麼小就要出來賣東西，幫爸爸媽媽賺錢！」因爲方圓一公里內除了我之外，當時還沒有人想到要像我一樣擺攤子，所以這獨門生意沒人爭地盤，初生之犢的我也一點都不怕。

不過，當時這些人怎麼想，對我來說一點都不重要，因爲，小小的我心目中，覺得賣東西做生意是一個超酷的經驗！我心中，一方面雖然不太懂爲什麼味道那麼重的魚貨竟然會有人喜歡買，一方面

卻也想盡辦法要把爸爸給我的東西推銷給客人，然後盡可能的賣高一點的價錢！看著綁在腰上的收錢袋裝著滿滿的銅板跟鈔票，我心中有無限的喜悅！這是我第一次發現，竟然可以在「買」與「賣」之間，賺到自己想要的零用錢，自由的去買我喜歡的書和音樂卡帶！

那也是我第一次領略到初淺的「買賣」技巧：那些看起來年紀輕輕、衣著講究的小姐和先生，我可以稍微把價錢提高一點賣，因爲他們不太會殺價；而對穿著樸素的歐巴桑，就算高級品都要留一點空間，給他們殺價，她就會很高興的掏出錢來買！而且，現在回憶起來，當年爸爸幫我選的位置，正是商家必爭的「三角窗」位子，因爲南來北往的人都看得到我，這也正是經商選地點的要訣之一呢！

什麼東西都張嘴用要的，妳是討飯的嗎？

我爸爸是一個傳統「愛你在心口不開」的嚴父，他對我們很嚴厲，我家絕對沒有「予取予求」這種事，而且，父親很反對孩子「飯來張口、茶來伸手」，從小就訓練我們幫忙家裡做生意。每次有賣不完的新鮮魚貨，爸爸就會教導我們把多餘的魚貨醃漬起來。滑滑的鰻魚、價錢比較高的干貝跟烏魚子，孩子小小嫩嫩的手，可以把大人去不掉的細渣、小刺去除。因此，我們從小就會做這些加工的活兒。

如果，我跟爸爸提說：「我想要買一個新的鉛筆盒。」我爸爸就會指著牆角的大鋁盆說：「好，那你去把那盆蝦子的蝦殼剝乾淨、蝦腸挑出來，然後把它分成半斤、半斤的小袋。全部做好了，我就給妳買新的鉛筆盒。」雖然我心裡老大不願意，爲了一個鉛筆盒，得花上好幾個鐘頭去剝蝦，而且還要弄得滿手腥臭。不過，我們家的小孩沒有一個敢抗議。因爲我爸爸會罵我們：「想要什麼東西就張嘴用要的，妳是討飯的嗎？！」在他嚴厲的教誨下，我從小就知道，想要什麼，都必須要用勞力來換取，世界上沒有一樣東西是可以不勞而獲的！

不過現在回想起來，爸爸也讓我們體會到賺錢的辛苦與樂趣。讓我從小就對於「賺錢」這件事充滿了興趣。雖然我的家境一直都很不錯，平日也衣食不缺，可是我在念小學的時候，就懂得利用媽媽給我的零用錢，去中盤商那批一些日式橡皮擦及可愛的書套文具用品，然後在學校裡賣給同學。我也曾經去後火車站買那種當年很流行的一大張「抽抽樂」，給鄰居、同學抽。那時候，我給同學抽一次，市價是五毛錢，全部賣完約有兩成的利潤，我還懂得利用賺來的錢再去買一些酸梅冰啊、糖果之類的小零食，專門用來招待我的「大戶」，讓他們樂意光臨我的抽抽樂！這就跟現今買麥當勞的兒童餐送玩具，一樣的行銷模式喔！哈哈，妳看看我是不是從小就很有行銷概念？

上了初中之後，一到假日，同學們都喜歡待在家裡或是出去玩，我卻喜歡到處打工。我曾經在陶瓷工廠裡面工讀，從拉坯、上色、到燒窯，跟著師傅一起做，讓我現在迷上了法藍瓷及琉璃；也曾經利用寒暑假，到工廠去批塑膠花、雨傘回來家裡做「家庭代工」。後來我發現，自己一個人做，做得慢、又賺得少，乾脆四處吆喝同學一起來，我當小領班，把一批一批的塑膠花發包出去！這樣一來，我只要從中間抽佣就好，賺得容易多啦！而且，因爲幫忙大家賺錢，同學們都以我馬首是瞻，我的人緣也更加好了，連走路都有風呢！這可是除了賺錢以外還賺到人緣的意外收穫喔！

說到這兒，你一定很好奇，我在國中之前到底賺了多少錢？而賺來的錢，又都花到哪裡去了呢？除了大部分拿來繳自己的學雜費之外，我把其他的錢幾乎都拿去買音樂卡帶、唱片了！我年少的時候，就很喜歡流行音樂，舉凡當時當紅的「ABBA合唱團」、「披頭四」、「卡本特」……都是我崇

拜的對象，就連古典樂莫札特也很有興趣，可以說是來者不拒！

那時候，電視上播出的西洋音樂節目不多，資訊大多是由小耳朵而來。我最大的興趣就是到西門町、萬年大樓的唱片行去蒐購那些國外進口的流行音樂，回家當寶貝一樣反覆聆聽。那，就是我年少時代最大的快樂！也是藉由興趣和娛樂進而吸收國際資訊，跳脫本土框框的另一種學習管道。年幼時，我哪裡懂得這些？但日後想起來，我之所以後來能夠擁有比別人更新穎、更獨特的創意，恐怕就是從那時候起的潛移默化。有些種子，已經在當時悄悄的埋下、慢慢的發芽了！

爛豆腐哲學＋四色作業簿哲學

父親，是我第一位理財導師。

自我有印象以來，我父親就是一個很有理財觀念的人。父親，可以說是我生命中第一個理財導師。他是典型的溫州人，很會賺錢，也很會省錢，對於小錢尤其錙銖必較！我父親非常節儉，節儉到什麼程度呢？當他在台灣重新登記身分證時，他故意把他的生日登記爲2月29號！大家都知道，一般月曆上，根本沒有這一天，2月的29號要四年遇上潤年才會有一次。爲什麼？因爲我爸爸認爲，過生日是一件既浪費、又無聊的事情。父親有個很傳神的外號，叫做「鐵公雞」，不過，他當年這種「省到家」的理財方式，卻曾經讓我們很不能接受，甚至可以說是深惡痛絕！

比方說，全家人高高興興的上桌吃晚餐，正準備舉箸享受飯菜香的時候，我爸就會很殺風景的開始點著每一盤菜，一一問價錢。當場，就讓我們有種嘴巴裡嚼的不是菜，而是紙鈔的感覺！父親對於日常生活開支非常的斤斤計較，只要發現我媽某樣菜買貴了，就會開始絮絮叨叨的在餐桌上教訓我媽，一開口就停不下來。但他卻也要求魚、肉絕對是要新鮮的，否則買肉省十元，拉肚子看醫生要花一百元，外加沒力氣上班，連薪水都賠進去了，鐵定是划不來！

他最常說的話就是：「買菜，最好在快要收攤前再去買！」他的理論是，菜場一開市，菜價通常都會喊的比較高，所以這時候絕對不要去買菜！買菜最好的時間，就是到快要收攤的時候，這時候因為菜販想要把剩下的菜賣光，免得還要運回家，不然到明天不新鮮就不能夠賣了，因此就會把價錢降低。而且，因爲客人都走光了，這時候也比較容易殺價。很神奇的是，他這麼古早以前的買賣哲學，在現在卻已經看到有越來越多的大賣場、百貨公司、麵包店，甚至在網路都開始在每天快打烊前，實施「減價時刻」，讓很多懂得精打細算的主婦、消費者，可以撿到便宜貨，同時也解決了商家損失過期未賣出物品的負擔。近來，甚至開始流行「黃昏市場」，也是同樣的經營概念！這些，都在在證明了我這個「富爸爸」的眼光跟見解是多麼的厲害！

爸爸還有一個概念，就是：「買同樣的東西，要看用在哪裡！」爸爸的意思是，比如說妳要做「麻婆豆腐」、「翡翠豆腐羹」，反正豆腐買來也是要切碎煮，那麼就不用買「整塊」的豆腐，買豆腐攤上剩下的爛豆腐就可以了！破碎的爛豆腐外觀雖然不好看，但是價錢很便宜，而且跟整塊的豆腐品質是一樣的！「**買菜前如果先有計畫、選好時間去買、並且買到恰當的東西，那麼就可以省下不少的菜錢！**」這就是我父親的「買菜理論」和「爛豆腐哲學」。有一次我看日本名劇「阿信」，才發現原來阿信也用這招。

另外，我父親也很有物資充分利用的概念。他每天早上都要看早報，他看早報的時候，都會很小心的翻報紙，萬一弄皺了，他就會小心的用熨斗墊著布把報紙熨平。爲什麼這樣做呢？因爲看完早報

後，他會去公園散步，那時候，他就會帶著這份看過、卻依然嶄新的報紙，再賣給公園裡散步的老人家！同樣的，我們的作業本第一次寫的時候要用鉛筆，整本寫完後再用紅筆，再把整本寫完後，用藍筆再寫一遍，連藍筆都寫完後，再練毛筆之後就可以拿去舊貨攤賣，不然就用手工折成祈求幸福的紙鶴送人。這是我後來戲稱的「四色作業簿哲學」！

現在想起來，我父親當時的觀念，其實正是很棒的、具有環保意識的理財概念，一點兒也沒有錯！不過，他那種在餐桌上訓人的習慣，卻讓我們十分懼怕，很怕他動不動又要跟我們「算錢上課」。因此，我們家三個小孩，包括我媽媽在內，當時都覺得「理財」和開源節流，是一個很令人「皮皮挫」的事。

我父親比我母親足足年長二十歲。因此，很多時候，爸爸除了是我們的爸爸，也很像是我媽媽的父親。某方面說來，他其實是個好丈夫，吃喝嫖賭都不會，一生都很努力的賺錢、省錢、爲家庭付出。不過，另一方面說來，他實在很乏味、沒有情趣。這種身教，在我們家造成一個很兩極的現象：我媽、我姊跟弟弟，一提到「賺錢」，就興趣缺缺，覺得銅臭味很重；而我，則遺傳到爸爸做生意的天分及怕窮的人生觀，不但樂於賺錢，也喜歡享受以錢賺錢的過程和趣味。

不要讓你的錢睡覺

我父親一直認爲，「錢」要一直滾動，絕對不能停下來。今年過年前幾個月，我回老家看他，我爸還特別問了我，過年要去哪裡？做什麼事？聽到我有計畫出國旅行，就特別叮嚀我：「既然這一個月都不在台灣，年假又有九天，那麼妳要記得把銀行裡的現金轉爲一個月的定存！」

我父親的意思是，既然現金放在銀行裡，這一個月都不會做任何的投資，甚至銀行、股市、各行各業都要休長達九天的年假，那麼不如轉爲一個月的定存，因爲定存的利率比活存的高，而且銀行也會把你的評比數提高。雖然算一算，利息可能只差一千多元，但這也是在賺錢啊！**「不要讓你的錢睡覺」**這個觀念影響我甚鉅，可以說是我後來在處理資產管理時，很重要的一個中心思想！

正因爲小時候父親的節省造成我們的一些痛苦經驗，在我稍微擁有一些積蓄時，我也經歷了一些對金錢不同處理法的可怕後果。

年輕的時候，我買不起ＬＶ、香奈兒，對這些掛在精品店裡、屬於「上流社會」光環的商品，一度十分嚮往。等到我有能力、可以買得起的時候，我也曾經很瘋狂的蒐購，買下一百多個ＬＶ包包。二十幾歲時，我曾經是那種有多少錢就花多少錢的女孩，靠著教明星跳舞，我賺錢賺得很快，但也很會花錢。我常常把一整個月賺來的十幾萬，通通敗光在衣服、鞋子上。

然而，隨著年齡的增長，我的看法逐漸改變。現在的我，買得起各種名牌，但我已經沒有太強烈的慾望要去擁有。嚴格說起來，我其實不太有時間花錢，我也不想花太多的時間去Shopping，自然對於想擁有一些漂亮衣物的物質慾望降低，對現在的我來說：**「財富」的價值是在於它能創造美麗的回憶**。因此我寧願常常花時間帶家人去旅行，不在乎花了多少錢，只在乎玩的是否開心；但是我從不花錢在不會增值、又用不到的東西上面。

舉例來說，我現在沒有車子。是眞的喔！我名下有很多房子、停車場、甚至是店面，可是我連一輛車子都沒有！

小時候，我們家一直開的是客貨兩用車。我父親總是說：「客貨車實在、好用！」在這種家庭長大下的我，一直很羨慕別人家都可以開那種漂漂亮亮的房車，看起來有格調又拉風！不像家裡的貨車都有一股魚腥味。想當然爾，在我開始賺了錢之後，第一件事就是買了一輛一九○賓士四門房車。雖然這輛車距離我當時心目中的三百多萬夢幻賓士跑車還有一段距離，但已經夠讓我滿足了！不料，每當我開著大賓士車回桃園老家去看爸爸時，他卻交代我，叫我把我的車遠遠的停在離家有一段距離的路邊，千萬別停在家門口。「停在家門口幹嘛？好讓大家都知道妳回來了？財不露白都不懂嗎！」我父親的理由是：那樣太招搖了，沒有必要！那時候我真覺得老爸太多慮了！他老是潑我冷水。

但是如今，我慢慢體會到父親的意思。這些年來，我發現，名車對我真的沒有什麼用，除了用來顯示乘坐者的身分地位可以驕示旁人之外，對我較無實質效益。再說，以投資理財的角度來看，第一，不管再貴的車，它都是消耗品，幾乎沒有保值的功能，一落地、車價就少一成，不符合投資理財原則。因爲車子是**理財中的冰塊產品(會融化)**，但如果你買的不是代步車，而是有收穫價值、增值潛力的古董車，那就另當別論。

第二，開車出門一點也不方便。自己開的話，又耗神、又浪費時間，台北市不好停車，出門辦個事，要擔心車沒地方停，又要怕車子被偷、被拖吊，麻煩一堆。請個專門的司機嘛，更不符合經濟效益，叫一個男人沒事專門坐在辦公室裡等妳，他無聊、妳花錢，而且我實在很不喜歡有一個人對我的行蹤瞭若指掌的那種感覺：我的行程、出入的地方，都要告知對方，讓對方如此貼近我的生活，實在是讓我很沒有安全感。

所以，後來我選擇隨手一招的「小黃」，加上固定合作的租車公司。如果是在台北市，我就坐計程車；如果要下中南部等遠地行程，我就請租車公司配一個司機給我。這樣一來，司機是輪替的，我不用擔心，也樂得輕鬆又方便。算起來，這樣還比養一部車子，更經濟也更方便！

而且，我很喜歡利用坐車子的時候跟司機聊聊天，爲我的公司做做市調，瞭解一下現在流行什麼瘦身產品？大家喜歡買什麼東西減肥？他平均一個月收入多少？他的老婆有沒有買過健身器材？要知道，**做生意、理財，都不是在象牙塔裡進行的，不要以為你關在家裡、不跟外界接觸就能做出好的投資決定**。還記得「擦鞋童」的故事嗎？有一回，老甘迺迪在紐約街邊擦鞋，擦鞋童主動報起明牌來，老甘迺迪心想，連擦鞋童都能預測股市，這時候的股票他絕不去碰，他立即出脫手中多數的股票！果然在華爾街崩盤後，甘迺迪家族是極少數沒有受股災牽累的家族，老甘迺迪並趁機進一步鞏固他的經濟與政治王朝。所以，貼近升斗小民的生活、坐計程車時跟司機聊天，可以說是最好的市調。而準確的市調，讓我在跟購物台、7-11、雅虎奇摩等大通路策略連盟一起合作時，能夠預測定價及利潤。**認清自己想要的，努力賺取你該賺的，然後精力旺盛的過你的人生**。我認爲，財富，是換取美麗回憶的踏腳石，而不是浪費生命的羈絆。很多人以爲我的事業體很龐大，事實上我公司的人事很精簡。我的員工不超過十個人。我的業務是透過跟許多人的配合，或是外包、或是承攬，絕不浪費不必要的人力和資源，但一樣能把成果做出來，甚至更好！不好大喜功的亂擴充公司、凡事都經過更精細的規劃和計算，這些都是我覺得自己可以穩當經營公司、而且越來越茁壯，沒有輕易被景氣打敗或淘汰的重要原因。

雖然，我也曾因太重感情讓不用心的員工，一再降低公司士氣及營收，讓公司人事成本過高，險陷公司於負成長的境地。而，爲了企業能長久經營，我必須選擇作許多老闆不願意做的痛苦的事情：讓那些拖累公司的同仁離職。做這樣的決定其實是十分痛苦的事，我會爲此失眠，但是我明白，**如果**

我任由他們不用心而失去我的顧客，未來，其他努力打拼的伙伴們將會失去工作，那是不公平的！務實的穩紮穩打，比虛名及討好所有人都重要。

Chapter 02

人生的第一桶金

高中剛畢業年收入破三〇〇萬

人生不是一枝短短的臘燭，而是一枝由我們暫時拿著的火炬。我們一定要把它燃燒得十分燦爛，然後交給下一代的人們。——蕭伯納

成功的開端　始於熱情

人因爲夢想而偉大。這個「人」，不分女人或是男人。

我父親重男輕女十分嚴重，據我媽媽說，我生下來時，他一聽到又是個女兒，就頭也不回的出海去了！他從來不曾想到，女兒也可以成材，女兒也可以貢獻社會，女兒也會賺錢，女兒可能比兒子更孝順！而我，更是從未想到，一個一出生連爸爸都不看一眼的女娃兒，後來會變成一個知名舞蹈老師，最後更進而從商，變成一位作家。

事實上，我發現，很多事業的開端，都是出自於「熱情」。郭台銘當初開辦模具廠時，我想他從未想過，他會變成台灣首富。而成龍開始當替身演員時，也不知道有一天他會進軍好萊塢、成爲全球動作片一哥。一個對某項事情擁有熱情的人，一開始，腦袋中所想的絕對不是「我可以賺多少錢？」，而是「我太愛這個工作了，我要做得更好！」男人可以有熱情，女人當然也要有熱情。

所以，不要看輕自己！而是要看清自己！腳踏實地很重要，女性也不要妄自菲薄。一個事業成功的人，一定擁有滿腔的熱情、一定習慣挑戰自己、一定會想要做到最好！而財富，往往是附加品，有的會跟著成就而來，像是比爾蓋茲；有的是留待後世人享受，像是梵谷。

不論如何，我認爲，女人千萬不要劃地自限，不要把自己當成男人的附屬品，更不能成天只爲別人而活。我不贊同現在很多女孩心裡成天只想著嫁入豪門，或是想當貴婦，而成爲腦袋空空、不吸收新知、不用功充實自己，只想維持著自己的美貌，而失去生活目標的紙娃娃。

我原本只是一個出身平凡的漁家少女，家裡也並未特別栽培我。但是，自從我踏出社會開始工作之後，我一直都是職場中的佼佼者，賺的錢都是同齡人的好幾倍，甚至數十倍；後來，更自己創業，一步步的實現自己的夢想、甚至出書告訴大家我的塑身方法、理財秘訣，我認爲這不僅是努力更要正確判斷。因爲這世界上，有很多人非常的努力，但卻不一定可以成功。因此，我覺得，對生命擁有熱情就容易成功。人一輩子一定要有一件自己喜愛且擅長的事，瞭解自己，盡力發揮，就是必勝的關鍵！

知道自己要什麼　14歲決定離家出走

我從小就愛跳舞。

小學六年級的時候，每天上學，都要行經一個私人的舞蹈教室。每每在窗口瞥見那些穿著白紗裙的小女孩們，個個踮著腳尖、雙手搭在扶桿上，對著整面牆的落地鏡子擺出優雅的姿勢，跳著夢幻公主般的芭蕾舞步，我幼小的心靈中，總有著無限的羨慕。我多麼希望，自己也能夠成爲她們之中的一份子！

可惜，在我保守、傳統的父親心目中，那些跳舞、畫畫之類搞藝術的人，是沒有出息的、賺不到大錢！「學那些做什麼？將來要吃什麼？」我爸還是秉持著傳統中國人士大夫的觀念，覺得萬般皆下品，唯有讀書高，小孩子功課好最重要，其他一切都免談。自從我跟爸爸提過一次想去學舞蹈，結果被爸爸狠狠的打了一頓之後，我就完全放棄從父親那邊得到支援了。我知道，我是絕對不可能從爸爸

口袋裡拿到學費去學跳舞的！

不過，不知道爲什麼，我總覺得我的血液中，似乎天生有一股竄動的音符，我的雙腳，總是在聽到音樂之後，不自主的就想要擺動！我性格中的叛逆因子，還有那股對舞蹈的傻勁，居然硬是讓我想辦法踏出了學舞的第一步！我心想，既然當不了正式的舞蹈教室學生，我看看總可以吧？因此，每次經過舞蹈教室的門口，我就忍不住偷偷的躲在門後觀看，然後，自己模擬著老師的步伐，站在門外，一遍又一遍的練習。回家之後，我沒事就對著鏡子，在腦海裡回憶著老師的姿勢，不斷的練習偷學來的舞步。

就這樣，幾次下來，我奇特的行跡，引起了舞蹈教室老師的注意。她發現我經常站在門外偷學，又看我頗有點舞蹈天分，好心的想到了一個方法幫我一圓學舞之夢。她問我：「妳想學跳舞嗎？那麼，妳願不願意來教室幫忙做一些打掃、清潔的工作呢？」當時，我簡直像是在作夢一樣，欣喜若狂！這可是我求之不得的好機會！於是，我每星期自願去幫忙老師打掃教室：打亮玻璃鏡、擦擦地、整理辦公室……換得的，就是免費的舞蹈課程！

在那段期間，我就像一塊超級大海綿，舉凡舞蹈教室中所教的古典、現代、民族舞蹈，我都來者不拒！就連屬於中國民族舞蹈的彩帶舞、鼓舞及各類節慶舞蹈，我都非常喜愛、努力學習。老師忙碌的時候，我就當小助理帶領大家練暖身操；當然，更少不了一定要學的，就是那如夢似幻，最初、也是最吸引我的——芭蕾，我跟著其他小朋友一起練舞，終於有一天，我也穿上了前面有硬鞋尖的芭蕾硬鞋，隨著柴可夫斯基的舞曲，優美的舞動身體！我還夢過跟紐瑞耶夫一起同台演出天鵝湖呢！

爲了一圓心目中的舞蹈夢，我十四歲那年，國中畢業後，就負氣離家，一個人跑到台北念「樹人女子中學」。對於被關在家裡的我，年少叛逆歲月是十分痛苦的。我喜歡吸收資訊、看外國影集、音樂歌唱節目，然而，爸爸媽媽卻規定每天晚上九點就要關燈上床，那對我來說，無異是最殘酷的刑罰。年少的我，不知道該怎麼跟父親溝通、不知道該怎麼樣讓他瞭解我，只好選擇遠離。不過，在我決定離開家、北上住宿的那個夜晚，我知道，一向不太會表達父愛的爸爸，爲了我失眠了！我聽到他徹夜不眠的在客廳裡低聲的搥牆，嘴裡叨唸著擔心的話。

因爲我的任性，父親氣我不聽話，使出了殺手鐧——不幫我付學雜費及生活費！而我也爲了賭一口氣，自己想辦法賺錢。離開家的那一晚，母親偷偷塞給我兩百塊錢，不過，買了生活日用品等雜物之後，也所剩無幾。我根本不知道自己接下來該怎麼辦？只好走一步算一步。幸好，當時樹人女中的學校董事長是影視界名人向華強先生，他很鼓勵學生們展現才華，因此學校規定，只要參加各縣市比賽有得獎記錄，學雜費就可以全免！當時，我跟黃品源的老婆蜜兒，是學姐妹兼愛舞同好，爲了要掙學雜費，我們兩個就自己組成搭檔，南征北討的去電視台參加各種舞蹈比賽。

我跟蜜兒都很喜歡看MTV台，那個年代，我們瘋狂的迷戀中森明菜、喬治麥可組的WHAM「轟」合唱團、還有「拜金女孩」瑪丹娜。每一次參加比賽，都是我編舞、蜜兒做造型，我們專門跳西洋流行歌曲。現在想起來，我們當時眞的很嫩也很敢耶，自己用一些很便宜的材料做服裝啦、配件啦，就這樣「聳聳」的上台去跳舞。結果，當然比賽沒有得獎，不過，我們倆倒是在電視台認識了不少的朋友。像是在喉糖廣告中哭倒長城後來還得了金馬獎的林美秀、知名髮型師Tony李東元，都是那時候結識的。

當時，美秀、東元、小四是藍心湄的舞群，後來成爲偶像男生團體的「豹小子」贏了電視舞蹈比

賽，因此每週都要繼續參加衛冕賽，美秀當時住在宜蘭，準備搬到台北來，而我跟蜜兒爲了練舞方便，也想要搬在一起住，於是我們幾個人，就一人一個月出三千元，一起分租房子。當時，大家都苦哈哈的，沒什麼錢，一台計程車載了所有的家當，就這樣搬了進去。當初我們租的房子，就在現在寸土寸金的大安區、遠企飯店對面的安和路上！

遇見生命中第一個貴人 人生開始逆轉

沒想到，好運就跟著來了！

有一次，我跟蜜兒兩人在電視台的後台等待比賽。上場之前，我們兩個很無聊，就在化妝間附近四處亂晃。剛好看到當時已經出了唱片、一路竄紅的新偶像李亞明，跟藍天使樂手們，因爲導播要求在錄影時要舞動一下，因此他們正僵手僵腳的，在後台練習等會兒要上場的出場動作及走位。

現在想來，眞的是「初生之犢不畏虎」！我跟蜜兒兩個也不知道李亞明正當紅，我這個小丫頭竟然不知死活的在一旁指正他：「你們這些大哥哥跳舞跳得好僵喔！」我更是大膽的走上前，人小鬼大的對他說：「你爲什麼不跳像日本偶像『玉置浩二』那樣的舞呢？那樣比導播叫你跳的好看！而且只是隨著音樂擺POSE就有感覺了啊！」說著說著，我還當場就跳了起來，示範給他看。

說來也眞是好狗運！對於我們這兩個不知天高地厚的小丫頭，李亞明非但沒有生氣，反而瞪大了眼睛，不可思議的看著我，對我豎起了大拇指。他說：「很好！妳跳得很好！不土、也不流氣！」接著對我說，我們示範的舞蹈，就是他想要的感覺！還問我們願不願幫他編舞？錄影一結束，李亞明立刻拉著我跟蜜兒到他當時的女友家裡去，要我們好好的跳給他看，接著立刻指定我們當他的編舞老師！最後他還建議，我們乾脆跟他一起表演！他派人教我們唱合音，因為他覺得我們既天眞，又單純，更重要的是不怕他、敢講眞話。

認識李亞明，是我生命的第一個轉捩點！

我跟蜜兒，就這樣被他一把拉入了唱片圈，開啓了教導歌手、明星跳舞的舞蹈老師生涯。李亞明不但找我們幫他編舞，更是大力的推薦我們，不但把我跟蜜兒推薦給當時最紅的「一匹狼」齊秦及王傑，幫他編一些作秀時配合的簡單舞蹈、手勢，讓他的情歌不要那麼的靜態。還介紹了許多大牌製作人、明星給我們認識。

我還記得，那時候在環亞飯店樓上，跟林青霞一同演出時，第一次看到當紅的國際巨星青霞姐，眞覺得好像在作夢一般！我竟然有幸可以教導大明星跳舞！而且青霞姐姐每天都笑臉盈盈的向我們道謝，下檔時還跟經紀人帶我們全體去吃宵夜，慶祝表演順利，而我不過是個學校都還沒畢業的小女孩罷了，就有幸見識到那麼多有名的國際巨星！那個年代，娛樂市場眞是一片榮景，做完這檔秀之後，我又接到了偶像玉女歌手金瑞瑤的CASE，她希望我們能幫她將「好想妳」的原曲，以完全不同的方式呈現。我還記得，我們都在她家裡練舞，金瑞瑤的媽媽好美、好會煮菜，每次去她家，她都會煮飯給我們吃！半工半讀的我，就這樣，順利的開始打工、賺錢，開始編舞、教舞。

曾經，我的夢想是當一個揚名國際的芭蕾舞蹈家。想像著自己柔軟的肢體，在舞台上，飛舞出如詩如畫般的跳躍、旋轉。不過，我的芭蕾舞者夢並沒有維持很久，很快就幻滅了。當時，台灣舞壇最有地位的芭蕾舞蹈老師蘇淑惠，曾經當面告訴我：「妳雖然頗有舞蹈天分，但是卻有體型上先天的缺陷——不夠纖細、太豐滿了。」我雖然很失望，不過也知道她說的確是事實。一般而言，女性芭蕾舞

者的體型不能太過豐滿。然而，少女時期的我，身高一六二公分，最瘦的時候體重也有五十六公斤左右，尤其是我的上圍太過於豐滿，負擔太重，實在不是一個芭蕾舞伶適合的身型。

本來，我一度還不願放棄夢想，在高中畢業之後，打算投考藝專繼續習舞。不料，後來在我準備報考時，無意間在西門町竟然看到我心目中偶像舞蹈家的照片，跟一堆不知名的小明星一起，赤裸著上身、出現在一張粗糙又低俗的牛肉場海報上！這對於當時將舞蹈家地位視爲天神般不可褻瀆的我來說，簡直就是投下了一顆強烈的震撼彈！我開始對於「在台灣跳芭蕾舞」這件事有了懷疑：如果連一流的舞蹈家都淪落至此，只能在低俗的牛肉場中討生活，那麼我是不是太過天真了呢？當下，我就決定，放棄了藝專的考試。

高中畢業　年收入破三百萬

畢業後，我認識了音樂製作人小蟲。當時，他是炙手可熱的音樂製作人，只要他寫的歌、製作的唱片，一定暢銷大賣。我第一次跟他合作，就是在他發行「我不是壞小孩」紅遍全台時，我在一旁唱合音、並且幫曲子編舞。後來，我還記得我跟他兩個人，晚上窩在他中崙夜市旁邊的小小錄音室裡，他創作、我編舞，不時還要被隔壁的鄰居嫌棄「半夜三更了，吵什麼吵啊！」在非常克難的環境裡，度過了許多令人記憶深刻的創作夜晚！

當時，我雖然剛從學校畢業，可是編舞、教舞的收入卻相當不錯。我編一首舞，再教導藝人跳熟、跳出自己的味道、陪他們拍完MV，收費是兩萬元。在當時，這算是非常、非常高的收入了！那時候，一個資深的公務人員一個月的薪水也不過兩萬餘元！而我，每個月都有接不完的CASE做，徐乃麟做完了換任賢齊、林強做完了換伊能靜，張清芳排完後換周華健，那時候唱片業非常景氣，案子一個接一個，每一張唱片我至少都要編二到三首舞曲。一個月，至少可以賺上25萬元！

想想看，一個二十歲出頭、高中畢業的小女生，一個月竟然可以賺這麼多錢，簡直是太不可思議的奇蹟了！只不過，那時候年輕氣盛，不懂得珍惜得來太容易的錢財、也不懂得存錢，我幾乎是賺多少就花多少！每個月賺來的錢，都拿去買漂亮衣服，而且都買小一號（以爲會瘦下來），結果還沒瘦下來，衣服已經過季、不流行了、就丟掉了。還買了一堆包包、鞋子、新車、吃喝玩樂，花的光光，從來也沒想過要怎麼樣讓財富累積。直到後來，因爲有朋友缺錢，起了一個互助會，我才因爲朋友邀約，開始跟會，一個月存下三萬元。

我的事業一路起飛，工作表現也越來越好。當時，歌壇天王偶像劉文正宣布退出歌壇，他推出了「飛鷹三姝」少女組：方文琳、伊能靜、裘海正。三個不同典型的女孩，就是我的新合作對象。他的「封麥」演唱會，東南亞連唱五十場！劉文正帶著我跟蜜兒，到東南亞爲他的歌迷做全亞洲的封麥演唱會，就這樣亞洲跑一圈，最高紀錄一天轉機八次，算算那次巡迴，一共坐了一百多趟的飛機！我們跟著他工作、陪著他演唱，簡直像是劉姥姥進大觀園，眞正見識到了巨星的忙碌與魅力！

有一回，劉文正看著我跟蜜兒，突發奇想的說：「咦，其實妳們兩個那麼會跳舞，可以組成一個雙人的少女組合耶！一個俏皮，一個淑女，剛好變成一對！」我跟蜜兒都覺得很新鮮，於是，跟劉文正說好，回台灣之後就簽約。

雖然，我那時候已經二十五歲了，再當偶像有點嫌老，不過，想到有機會變成大明星，心裡眞是超級興奮的！回台灣後，我很興奮的告訴小蟲：「爸爸（我對小蟲的暱稱），我們要當歌星了！」小蟲那時已是滾石的總監，更是票房和製作，聽到我們兩個要簽給劉文正，立刻提出企劃對我們說：「要做藝人，當然要做我的藝人！因爲我太瞭解妳們的優缺點了！」於是，就這樣，小蟲又找來了一個很出色的女孩「可兒」，將我們三個會跳舞的女孩，組成了「蘋果派」，推出了一張專輯。

不過，這一張走「搖滾女孩」風格的專輯，叫好不叫座，並不受市場歡迎。因此，唱片公司決定要調整方向再出發。歷經了無數次的開會、討論，我們的第二張專輯久久無法誕生。在這中間的空檔時期，我的狀況還好，可以靠教舞賺錢維持生活，但其他兩個女孩，除了每個月唱片公司發的一萬塊生活費之外，就面臨了毫無收入的窘境。「可兒」耐不住漫長的等候和會議，在並未與我們商量的情況下，擅自去找了當時滾石的「一哥」李宗盛，要求他給我們一個「答案」。

那個時候，李宗盛可是唱片龍頭「滾石」的「一哥」！我們這些尚未出頭的新人，連想見他一面都很難，「可兒」竟然異想天開的去叫一個大哥中的大哥跟我們「做報告」，這下連小蟲聽了都傻眼！

我大概一輩子都不會忘記大哥（李宗盛）那天終於來與我們開會的情景！

那一天，我們戰戰兢兢的在會議室中等待。大哥李宗盛帶著一把吉他、蓄著感性的鬍渣，走了進來。他劈頭就說：「你們聽，這是我剛寫的歌，好不好聽？」他自顧自的邊彈邊唱了起來：「我是一隻小小小小鳥，想要飛呀飛，卻怎麼也飛不高……」李宗盛唱的，正是後來讓趙傳更上巔峰的「我是一隻小小鳥」。

唱完了之後，李宗盛看了看我們。「我這首歌，是寫給趙傳的。」他說：「因爲，如果他是老鷹，他的唱片不會賣。」「如果，他穿金戴銀，他也不會賣。」大哥看著我們，繼續說：「藝人不能自己做爽就好，唱片不賣，唱片公司就不能生存，很多人會失業，所以藝人不能只管自己，不顧產業的價值。」

我不由自主的，用迷戀的眼光看著「大哥」。沒辦法，李宗盛就是李宗盛。他的話，鏗鏘有力。「大哥非常喜歡妳們三個，我從來沒有做過會跳舞的女生。但是，我還沒有想好要怎麼樣做妳們。唱片不賣，很多人的薪水會發不出來。」

大哥看著蜜兒：「妳很漂亮，一定有很多人追求吧？」蜜兒點點頭。「好，那就好好去談戀愛！」接著看著可兒：「妳想要唸書是嗎？」可兒點頭。「好，那就好好去唸書！」最後他望向我：「寶兒，妳會教舞，妳已經很有名了，那就好好的去教舞吧！」說完，他問我們還有沒有什麼要跟我們報告的，若是沒有，他就要去寫歌了！我們三人都嚇傻了，張著口搖搖頭，呆若木雞的看著他離開了會議室。

事後，可兒很懊悔，本來我們的第二張唱片還是有機會可以出的，但她的心急，反而讓我們的唱片夢就到此爲止了！於是，我們各奔東西，我又再度重拾教鞭，繼續當我的編舞老師。明星夢來的快去得也快，這時候我體認到明星生涯與我無緣，我也該放棄明星夢了！不過，這一段當偶像明星的經驗，卻是彌足珍貴，除了是我美好的回憶之外，也給了我日後教明星跳舞一個很重要的基礎，那就是：我當過藝人、我上過舞台，因此，我在教明星跳舞時，更能瞭解他們的感受與需要！當然，我也比其他的舞蹈老師更容易打動藝人、讓他們信服。此外，我也在那時結識了許多唱片界的菁英，對我日後的工作很有幫助。

就這樣，我成了唱片圈內，最有人氣的一位編舞老師。在當編舞老師這些年來，我專門幫唱片公司編舞，再負責把明星、歌手教到出片、開演唱會，算一算，二十年來，我總共教過一百多位明星，包括李玟、王力宏、鄭中基、李心潔、楊丞琳、張韶涵、S.H.E、葉蘊儀、金瑞瑤、庾澄慶、伊能靜、張清芳、劉文正、張信哲、金城武、徐若瑄、黃鶯鶯、蘇慧倫……等等。從新人到大牌、從情歌到舞曲，我總是絞盡腦汁、費盡心思，設計出更新、更炫、更能夠引領流行的舞步！也因此，我在唱片圈中建立了口碑，工作應接不暇！說來，可能有人不相信，這麼多年來，除了啓蒙的舞蹈教室經驗之外，我沒有眞正的拜過師、上過課，也沒有經過學院派的舞蹈訓練。在所有編舞、設計舞蹈的過程中，我幾乎都是靠著自修、摸索、模仿、觀摩、苦練，無師自通而來的！

那時候，我幾乎每星期都會去西門町萬年百貨附近的唱片行，採買藝人的歌曲錄影帶。國內、國外的我都買！當時，一捲錄影帶大約有十二首藝人的MTV，買回來之後，第一件事，我就是先把裡面的每一首舞用慢動作播放、學跳、模仿到味道十足。我像是一個瘋子一樣，跟著錄影帶，一遍又一遍的跳、跳、跳，等到全部都跳會了，我就會開始想：我怎麼樣可以跟著他用一樣的音樂，設計出一套跟他不一樣的舞蹈呢？要比他更好看、更炫、更酷！從這樣的想法，激發了很多的新創意。

我心中想的是：「如果我創出一套比他更棒的舞步，我一定很酷、很棒，也證明我有能力編舞！」因此，我經常不斷的改編原作，想辦法創新、學習。當時，台灣哪有什麼教街舞、HIP-HOP、爵士舞、流行舞的專門老師？所有的資訊，都是自己想辦法去找來的，台北當時最紅的舞廳就是中泰賓館樓上的「KISS」，那裡有很多會跳舞的外國人，別人去那裡跳舞，是去釣妞、泡馬子的，只有我，經常像一個瘋子似的，去那裡看人家跳舞、學人家跳舞，然後，瘋狂的在舞池裡練習、練習、再練習！有一次，我看到一位東方人舞跳的好棒，我就跟在他旁邊學，他也很有耐心的一直教我，後來，看到電視我才知道，這個舞王就是杜德偉！

第一次投資慘敗 一桶金重新歸零

對我來說，做什麼事都要全力以赴。好奇心永不滿足的我，是不怕別人笑的。**我爸曾經說過，會教你的人是老師，你要感謝他；會笑你的人是你的恩人，你更要感謝他！**

當我跟了三年會之後，我終於在二十五歲那年存到了生平第一個一百萬元！我還記得，第一次看到自己的戶頭裡那七位數字的時候，我興奮極了！為了體會一下一百萬元現金到底有多少？我特地去銀行把一百萬全部提領出來，在租來的房子中，一邊尖叫、一邊把錢從空中撒下來，讓飛舞的鈔票鋪滿了整個房間的地板！然後，我一仰身就躺在鈔票上面，瘋狂的打滾！哇！這可是我第一次享受到當上百萬富婆、坐擁一百萬現鈔的滋味！那鈔票的味道，和當時心中久久不褪的激動，到現在我都還記憶猶新，畢竟，那是我第一次存下這麼多錢！以前賺多少花多少，每個月賺得雖然很多，但從沒存過錢，總是胡亂花光，所以戶頭一直都沒什麼錢。而這紮紮實實、白花花的一百萬，可是我人生中存下的第一桶金啊！

可惜，第一個一百萬的喜悅，並沒有持續很久，因為不懂理財，我的一百萬很快就飛了！

事情是這樣的。我在念高中時，有個同學家很有錢，她的父親是專門經營日本人喜愛的珊瑚生意，在台北精華區附近擁有整層的透天厝。我在台北唸書時，有一陣子就住在他們家。她的父親很疼愛我，認我做乾女兒。當我告訴乾爹我存了一百萬時，乾爹就建議我把這一百萬拿去投資一個港資的鞋廠股票。當時，這個皮鞋公司還是未上市股票，我對股票一竅不通，既不懂得分散風險的道理，也不懂得先去做一點功課，了解一下這個公司的狀況，在全然信任、而且什麼也不懂的情況下，幾個月

之後，同學及乾爹告訴我，那家皮鞋公司倒了，所以，我的一百萬也就沒啦！

現在想一想，覺得很可笑。當年實在太年輕，好不容易辛辛苦苦存了三年，存下來的一百萬，朋友說不見了，我竟然連調查一下都沒有，就完全聽信了她的話。還好，以前年紀輕、本錢厚，跌倒了可以很快的再站起來。如果是現在，稍有社會經驗的人，最、最、最起碼，也該去瞭解一下，這筆錢是怎麼消失的？眞正的原因是什麼？雖然俗話說，傻人有傻福，但是，你想想看，人一輩子可以傻幾次？可以被騙幾次？但我那時卻天眞的認爲，反正賺來的錢，最後都會不見，不是賠光，就是被騙光，還不如自己痛快的花光來的好！抱持著這樣的想法，我後來也不太在意理財這一回事，甚至也不是很積極的存錢。因爲如此，**所以我在光輝的二十五歲之後一直到四十歲之間，完全沒有任何資產。注定了要過著月光族的日子！**

不過，這件事也給了我一個很大的教訓，那就是「**只能相信專業的理財推薦，絕對不要草率的對待你的財產**。」因爲錢是辛辛苦苦賺來的，所以絕對不要輕易的因爲身邊朋友的推薦，貿然的去投資些什麼。對於自己不懂的投資，我是堅決不碰的。甚至，一直到現在，我都不敢再輕易碰股票。因爲我賠過錢，我知道有些投資我不懂得如何掌控，我也知道賠錢的滋味，我絕不想要再重蹈覆轍。

Chapter 03

我擁有女人夢寐以求的身材和錢財
但我更渴望一個能陪在身邊的平凡丈夫

我們的遠景是成爲消費者最渴望的品牌，這比得不得到第一名重要得多了。

~~Puma全球總裁蔡茨

從幕後教明星跳舞的舞蹈老師，一躍而成爲塑身減肥專家，接著又搖身一變，成爲電視購物台中營業額名列前茅的知名廠商。我隨著命運，一步一步的走向眾人眼中的成功。越來越窈窕健美的身材，與日漸蓬勃的事業，爲我贏得了越來越多的肯定與掌聲。在夜深人靜時，我常常在想：這些女人夢寐以求的一切，對我來說，雖不能說是易如反掌，但確實有如神助！雖然我也是一步一腳印的付出努力，但是，比起許多其他人，我的確多了幾分幸運。

但，我的內心深處，事實上最渴望的，並非傲人的事業，或是奢華的生活。我只有一個非常卑微的願望，那就是：**我想要一個平凡的丈夫，天天回家來陪伴我吃頓溫馨的晚餐而已**。然而，這麼平凡的願望，我卻苦求不到。在成爲人人口中的「女強人」之後，我最怕的就是有多數人羨慕地詢問：「妳這麼成功、身材這麼好，妳先生一定非常愛妳，恨不得每一分一秒都跟妳黏在一起吧？」每次聽到這樣的話，我總是臉上帶著微笑、內心淌著鮮血回答：「是啊！是啊！」

有時候，回頭想一想，或許，百分之百的完美，也不見得就是眞的完美。如果，我跟前夫的那段婚姻，也像童話故事一般的幸福，那麼，我就不可能像現在這樣，不斷的自我成長、學習獨立了！經歷這些事情，並沒有讓我自怨自艾，我選擇了找出自己的道路、出書、分享成功經驗，讓自己的生命更充實。

我不想當第三者　充滿波折的相戀

我的前夫涂惠元，是一位著名的音樂唱片製作人。歌壇天后張惠妹第一張專輯「姊妹」中，最受歡迎的歌曲「聽海」、「剪愛」，就是他所創作的歌曲！在音樂圈中，涂老師是教父級的，無數大牌像是潘越雲、王力宏、張學友等的專輯，都是由他所製作編曲，音樂人稱音樂界中的「編曲教父」。我們的相識、相戀，說起來也有一段波折的歷程。

自從「蘋果派」這個少女團體解散之後，我再度專心做我的舞蹈老師。我以爲，明星夢，從此與我無關了！沒想到，事隔幾年，居然又有了一個大好機會！

這一次，是有一個唱片公司的老闆，很欣賞我、想要投資我，把我做成一個熟女歌手。那一年，熟女歌手當紅，像林憶蓮、葉蒨文、辛曉琪等等，唱片都賣得相當好。我跟他的唱片公司合作過幾次，幫他旗下的藝人編舞。他看我的條件，很符合他的理想，於是，網羅了當紅的音樂企畫林利南（目前「多利安」經紀公司的老闆）、許常德，及當紅的製作人涂惠元，當我的唱片製作班底。當時，涂惠元老師是齊秦、黃鶯鶯、蘇永康、張宇等紅牌歌手的御用編曲人，擁有絕對音感，才華洋溢，是唱片圈的一時之選。

第一次見面，涂老師看起來有點兒兇兇的，沈默寡言。我久仰他的大名，對他十分崇拜。第一次配唱，我們竟然一首歌就唱了二十個小時！我那時候沒經驗，不知道一般歌手平均約花八小時就應該要錄製完成一首歌，只知道涂老師對我的期望很高。我滿心喜悅，心中只是興奮的想著：「我要紅啦！我要紅啦！」竟然讓當紅的製作人如此花心神打造，不紅才怪！

我是一個一工作起來就很瘋狂的人。令人驚訝的是，涂老師工作起來比我更加投入！每天跟我一起練唱，還請了他當時的妻子—大陸頂尖的歌手小珊，教我發聲、唱歌。我一點兒也沒注意，涂老師對我好的有點兒不尋常。他幾乎一有空檔就教我練技巧。每次要配唱前，還先開車到我家載我，在車上讓我先聽DEMO（試唱）帶，再一起去錄音。有時候，他還會帶我去海邊，讓我「聽聽風的韻律」；或是帶我去操場跑步，去「鍛鍊發聲的力量」。我知道以往小蟲老師曾經爲了讓潘越雲唱出的聲音更爲動人，會把錄音室布置成花房，或是帶她去喝鱉血，所以我當時視這一切爲理所當然，從來沒有細想過，有哪一個名製作人，會對一個唱片新人這麼照顧？

錄音錄了四個月，花了三百萬，預算嚴重超支，好不容易錄音完成，進入後製作業，涂老師又向唱片公司老闆提出了要去美國做混音的建議。但是，老闆卻不願意再負擔龐大的製作費了，他戲稱我雖然是個新人，但他收到的帳單，卻是「陳淑樺的帳單」！（意即「天后級」歌手的帳單。）

然而，對於這一切，我仍是一點兒也沒有懷疑，腦袋中只是做著明星美夢，幻想著自己的首張唱片終於發行，有一天，我也會像林憶蓮或是葉蒨文一樣紅，可以高高的站在舞台上，接受著觀眾如雷的掌聲……哇！我作夢也會笑咧！

直到有一天，涂惠元的前妻小珊突然打電話給我。她對我說：「涂老師不像以前那樣愛我了！我覺得這一切跟妳有關係。」我聽了一頭霧水，直覺的反應是：「有嗎？」我知道涂惠元與小珊因爲長時間分隔兩地，小珊很沒有安全感，經常會不停的追問他的行蹤、或是懷疑他另有所愛。有一次，我不小心看到他的電話帳單，一個月居然高達二十萬元！女人的多疑是幸福的炸彈，涂老師說，他經常得花很多精力安撫小珊，讓他的壓力非常大。

可是，小珊的這一通電話，倒也喚醒了我。雖然，她只是試探性的詢問，但我心裡隱約覺得不妙。我開始仔細回想我們之間相處的點點滴滴，心裡開始有點害怕：「不會吧？涂老師不會喜歡上我吧？」我在感情上，是屬於那種「一見鍾情」型的女人，對於由朋友而衍生成情人的關係，我覺得很抗拒。但是心中又有一份驚喜，因爲涂老師在音樂界是那麼的有份量！於是，我開始又愛又怕的避著涂惠元，只要是我覺得跟出唱片無關的邀約，我通通都予以拒絕。

那時候，唱片製作也接近完成，但因爲經費的問題而擱置了下來。因此，唱片公司約我跟涂老師見面，我也想勸他不要再堅持去美國混音。沒想到，他開車來接我時，我卻看見他的右前方擋風玻璃碎裂了。他告訴我，他跟他老婆在高速公路上起了爭執，因爲，他向她坦白說他愛上了我。他老婆在狂亂激動之下，頭部用力撞向玻璃窗。我聽了嚇一大跳，心想：怎麼會這樣？突然一陣混亂，不知道該說什麼才好。沒想到，這時，涂老師卻低聲的問我：「如果我爲了妳，跟我前妻離婚，妳願意跟我在一起，讓我照顧妳嗎？」

剎那之間，我覺得非常感動。我發現，他是認眞的，他竟然願意爲了我，這樣一個只自私的幻想成爲大明星的我，爲了一段還沒有眞正萌芽的感情，就做出這樣的犧牲與決定，我相信，他是眞的很愛我。不過，在我眼中，當別人的第三者是很罪惡的，而且我那時候還不願意放棄發行唱片、當明星的美夢，所以，我並沒有答應跟他在一起，相反的，我開始有意的疏離他。

沒想到，有一天，三更半夜，涂老師的前妻小珊突然又打電話給我。她用很淒厲的聲音在電話裡對我大喊：「我現在站在八樓窗口，涂惠元就在我旁邊。我願意失去這個男人，但是，我要知道，妳會不會好好愛他？如果妳不好好愛他，我現在馬上就跳下去！」

我聽得心裡很驚恐。我知道小珊是一個敢愛敢恨、感性又倔強的內地姑娘，她眞的非常愛、非常愛涂惠元。但是，她這樣的做法，卻讓周遭的人都很有壓迫感。我不知道哪兒來的勇氣，竟然很鎮定的對她說：「我不確定我是不是很愛涂老師。但我很確定的是，你們之間有非常嚴重的問題。你們的世界裡，不應該有我。妳可不可以不要因爲我而跳下去？先想清楚你們之間到底是怎麼了？」

電話的那一頭，安靜了幾秒鐘，然後斷線了。我絕望的想：她可能跳下去了！完了！我不殺伯仁，伯仁卻因我而死！我豈不是個兇手？但是我不敢打回去問，不敢想、也不願意去想。那一夜，我跟我媽媽抱在一起發抖失眠直到天亮，從沒有遇到過這種事的媽媽，擔心的以爲，要是出人命了，我要被判刑關進監牢去！

隔天，涂老師打電話來告訴我，小珊沒事了。後來又見面時，我忍不住問他：「你們那一晚究竟發生了什麼事？你怎麼會讓她這麼激動？」涂老師半晌沒說話，過了一會兒才低聲的說：「我告訴她，如果她不改變她的個性，我們將來一定不會幸福，希望她能考慮結束這一段充滿猜忌的兩地婚姻，讓我們兩人都自由吧！」他說，因爲這一席話，小珊嚇傻了、心急了，在屋子大哭了起來並且失去理智的嚷著要傷害自己，並且把窗戶打開，跨出了一隻腳，說要打電話給我，不然就要跳下樓！他說，他也不知道爲什麼，當她打電話給我時還很激動，但是當她聽完我的回答之後，突然間安靜了下來。她掛掉了電話，怔了一會兒，把那隻跨向窗外的腳慢慢的縮了回來。然後，久久的凝視著涂惠元，輕輕的說了一句話：「我要回大陸去，我們離婚吧。」

就這樣，涂惠元眞的離婚了。我想，小珊也許明白了，讓他失去愛的，不是別人，而是兩岸的距離、以及女人所缺乏的安全感和猜忌。

就這樣，我跟他眞的在一起了。

妳想把人生　浪費在當一個二線歌手上面嗎？

在我跟涂惠元談戀愛的這段時間裡，唱片市場的景氣正無預警的一路往下掉。投資我出唱片的老闆，也開始面臨公司週轉不靈的窘況。我的唱片夢，隨著唱片市場的蕭條，遇上了瓶頸。

有一次，涂老師給我說了一個史蒂芬史匹柏的故事。史蒂芬史匹柏當年愛上他太太時，他的太太是一個不知名的小演員。史蒂芬史匹柏問他太太：「妳對妳的未來有什麼樣的夢想？」他太太說：「我夢想成爲一代巨星，每一年都可以走在奧斯卡頒獎典禮的星光大道上，接受影迷們的歡呼！」史蒂芬史匹柏聽了之後，就對她說：「如果妳繼續演戲，這個夢想成眞的機會並不太大，因爲要成爲好萊塢頂尖的大明星，並不容易。」他接著說：「不過，如果妳嫁給我的話，妳不但每年都可以走星光大道、坐最好的位置、得到最棒的禮遇，而且可以眞正的得到很多人的尊敬跟仰慕。因爲，我是史蒂芬史匹柏。」

涂老師接著問我：「妳的夢想是什麼？」我馬上明白他的用意，我當然一直都很希望有朝一日能成爲舞台上的巨星，享受台下萬頭鑽動的那種當紅滋味！但他分析給我聽，以他的經驗跟直覺，我如果眞的發片，運氣好的話，頂多擠上排行榜的前五、六名，然後，每一年裡有三個月在錄音、三個月跑宣傳，然後，剩下的六個月，就是等待發片、尋找靈感，過著深居簡出、自怨自艾、躲躲藏藏、怕人家認出來的窮苦日子。

他說：「妳想要把人生，浪費在當一個二線歌手上面嗎？」

我聽了，心裡知道他說的很對。但是，不免又覺得猶豫。我還是不太想放棄我的明星夢，畢竟，我已經離這個夢想這麼近了！可是，我也不想當一個不上不下、要紅又不太紅的二線歌手、蹉跎歲月。就當我在天秤的兩端搖擺不定時，人算不如天算，就在這個時候，我發現我懷孕了！那一年，我已經三十三歲，我從來未曾避孕，也從來不曾懷孕，我以為，我這輩子大概是生不出小孩的體質。沒想到，我竟然在這個節骨眼上懷孕了！

對於這突如其來的驚喜，我沒有多想，畢竟孩子是上帝送給我最珍貴的禮物，在這個人生的抉擇點上，這應該就是答案，是上天給我的那道光及方向。想通之後，我就立即決定把孩子生下來。於是，他去幫我跟唱片公司談解約。老闆聽完我們的戀情，倒是很大方的祝福我們，並未要求我們賠償製作唱片所花掉的三百萬元經費，只要求涂惠元「免費製作五張唱片」作為交換我解約的代價。他答應了，我也恢復了自由身。順便，我也跟我的巨星美夢說「掰掰」啦！

不過，雖然懷孕了，我卻沒有考慮結婚。在懷孕前四個月，涂惠元數次跟我求婚，我都沒有答應。因為，我是新時代的女性，覺得相愛未必要一張結婚證書作見證。而且，我也沒做好心理準備。結果，有一次，我們兩人在看電視，電視裡演到一段私生子在學校受人欺凌的故事。他意有所指的對我說：「妳看，父不詳的孩子好可憐喔，將來會被人家笑、丟石頭！性格會不健康！」他問我：「妳要讓妳的BABY父不詳嗎？有一天妳的小孩也遇到這樣的情形，該怎麼辦？」

就這樣，我被他說動了。終於，在我懷孕五個月時，我們舉行了婚禮。

我們結婚時，現場星光閃閃，合作過的藝人幾乎都全員到齊了！那是一個很熱鬧、很有趣的婚禮！因為哈林、吳宗憲跟小燕姐錄「超級星期天」節目，所以直到我們婚禮結束後才趕到，於是，他們就在我們的洞房裡聊天、談音樂、說笑話，話匣子一打開，他們三個音樂人個開始討論唱片應該要恢復純眞感，不要用電子音樂，還說到有一個看起來笨笨的新人周杰倫，說他將來一定會紅……等等，一直聊到快天亮！他們二位發光體一開口，我們兩個也不想睡了，快到天亮，吳宗憲說明天還要進棚錄影，他們才離開！我們的洞房花燭夜，現在回想起來，還眞的是很像綜藝節目咧！

婚後，我們著實過了一段很甜蜜的時光。在小夫妻倆的愛情生活中，唯一的陰影，就是我公公。我公公年輕時是中醫，在中醫診所看診，收入豐厚，又有社會地位。三個孩子從小都跟最好、最貴的老師學習音樂。不過，後來我公公想要自己開診所，因此借貸創業，沒想到，診所經營不易，財務狀況亮起了紅燈。因此，涂惠元從十四歲開始就挑起賺錢養家的責任，他每天一下課，就到西門町的學生場去彈學生們愛聽的西洋流行樂曲，半夜再到鋼琴酒吧彈中年男女喜愛的中英文老歌，貼補家計。那時候，因爲他年紀小，害怕臨檢，他經常還必須戴著假髮去彈琴。有一次，他跟庾澄慶團練結束後，早上八點趕回學校上課，竟然累到在綁鞋帶時睡著了！等到其他人中午要出去買便當時，才發現他雙手抓著鞋帶半蹲睡著在門口！

公公後來就一直沒有出去工作，全靠兒子養家，涂老師是圈內著名的孝子，也是他們家經濟的支柱，雙肩扛著強大的壓力與責任。因此，我公公無論在心理或是經濟上，都十分依賴我先生。大概是因爲以前曾經過過經濟很困窘的日子，因此我公公十分沒有安全感，對於錢更是斤斤計較。他一直很擔心我搶走了他的兒子：那唯一奉養他、孝順、聽話又優秀的兒子。

我們結婚後，我原本打算回自家安胎、生產做月子，我先生當時已經請好了傭人，準備陪我回家待產。但是，因爲公公、婆婆堅持要幫我好好做月子，不願意跟孫女分開。我從眉頭深鎖的丈夫眼

中，看到了幸福難以兩全的爲難，「父母」跟「妻子」，在天秤的兩端搖擺，我不願增加我先生的壓力，於是甘願退讓，改而跟公婆一起住，希望讓我先生不要再爲難。回想起來，懷孕、生產的那一年，是我跟涂老師感情最好的一段時間，也是他待在家裡時間最多的一年，那時候，他雖然很忙，總是盡量抽空回家，陪伴我們。我們過了一年多幸福愉快的小夫妻生活。

公公用自殺來抗議　婚姻開始蒙上陰影

產後，我幾乎是待在家裡足不出戶的照顧女兒，因爲肥胖，所有教舞的工作都接近停擺。偶爾有時間，僅是應邀幫一些製作人塡詞。在做月子肥胖的這段時間，我一直陸續創作歌詞，讀者們大概沒有注意過，我曾經寫過不少膾炙人口的歌曲呢！像是成龍的「二〇〇二我只在乎你」、趙薇專輯的主打歌「愛情大魔咒」、許茹芸的「月光祈禱」、陶晶瑩的「我知道我不夠漂亮」、鄭秀文的「黑盒子」、葉蒨文的「如履薄冰」及大小S的專輯等等。

孩子出生後二年，我瘦身成功，跟出版社簽了約，準備要出瘦身書。沒想到，一場家庭風波竟因此而來！

那段時間，每天中午，吃過午餐，我通常會請公婆幫我看顧一下小孩，哄她睡午覺，然後隻身來到街角的泡沫紅茶店，享受一下獨處的時光。通常，我會把當天所有的報紙先看過一遍，休息一下，再開始專心寫我的瘦身書。

在一個炎熱的中午，在我照例出發，按著每日的固定行程去泡沫紅茶店寫稿之前，我想，天這麼熱，不如先開車去兜個風吧！順便也去大賣場買一些日用品。於是，我把車子停在停車場，進大賣場去買東西。當我辛苦的大包小包、費力的提著東西來到停車場之後，我找了半天，竟然找不到我的車子！我這才發現，我的車子被偷了！

這下該怎麼辦才好呢？我呆了一會兒，決定先去警察局報警！沒想到，這可惡的偷車賊卻已經先一步打電話到我家，去勒索我的家人了！偷車賊跟我公公說，我們的車子在他手上，要家裡準備二十五萬元來贖車！

如果是一般人遇上這種事，會怎麼樣反應呢？第一個恐怕會先擔心媳婦的安危吧？但我公公卻並非如此！他氣壞了！除了氣偷車賊，也非常氣我！他認爲，我這個米蟲媳婦，既不事生產，沒爲家裡賺半毛錢，現在竟然還把兒子才買的一部車給弄丟了！還要害他兒子多付偷車賊二十五萬元去贖車！在對於錢財十分沒有安全感的公公心中，我這個沒用的媳婦，簡直是十惡不赦！他氣的在家裡大呼小叫、大發雷霆！

毫不知情的我，在警察局做完筆錄之後，拎著大包小包準備回家。在經過泡沫紅茶店要上樓時，紅茶店老闆娘好心的衝出來警告我：「淳淳啊！妳現在最好不要上樓！妳公公剛剛好像發瘋似的要來找妳！」我嚇呆了！本來就很畏懼公公的我，非常害怕的在電話中告訴老公事情發生的經過。老公聽了之後，覺得他父親很不可理喻，畢竟車子被偷了，錯並不在我，因此打電話回家跟他父親解釋。結果，父子兩人在電話中吵了起來，讓我公公更加的生氣！

在這種情況下，雖然老公不斷的安慰我，但是我還是怕得不敢回家，當天只好在旅館裡睡了一夜。不料，隔天一早，我先生就打電話告訴我，公公自殺了！

天啊！這簡直是一個晴天霹靂！在爭吵過後，我公公吞食了大量的安眠藥企圖自殺，被我小叔發

現，送到醫院去急救。我們一路飛奔到急診室，婆婆一見到我就安慰我說：「沒事、沒事，你爸活過來了！」這次事件鬧的很大，我夫家的親戚幾乎全都到了，大家都焦慮的在急診室外等待。

看起來，公公自殺的原因似乎很荒謬，不過就是因爲我這個蠢媳婦出門去買東西，被偷車賊偷走了一部車！他既心疼那二十五萬元的贖款，又氣我先生袒護我，最後竟用「自殺」這種決裂的手段來向我抗議！**但是，我內心深處十分明白，這件事的禍首，就叫做「貧窮」**。

我終於知道，我先生從小爲什麼那麼的早熟、懂事，因爲他雙肩上負擔的壓力是那麼的沈重！我心想，如果是一個小康的家庭，發生了這種事，公公看到媳婦安然歸家，應該會鬆一口氣才對，最起碼丟的是車，不是人！但是，一個思想貧困狹隘的公公，竟然會氣憤至此！這主要是因爲，我們兩家的家庭背景，實在相差太多！**這是我第一次感覺到，不同背景的人，金錢觀竟然可以相差如此之大！**

公公自殺事件之後，善良的婆婆勸我先別跟公公碰面，因此，我一直不敢回家去，暫時住在婚前的租屋處。而先生則處於兩難的局面，不知道該如何是好。直到一星期後，我得回公婆家拿孩子的健保手冊帶孩子去打預防針，才跟婆婆串通好，趁公公午睡時偷溜回去。我一進客廳，望向我們的房間，我的頭皮就整個發麻─因爲，那扇當初我們結婚時貼了一個大紅「囍」字的門，竟然被利刃千刀萬剮的鑿穿了一個大洞！那一刀一刀的刻痕，顯示了公公無比的憤怒，簡直就像是砍在我身上那樣的讓人怵目驚心！

當下，我心裡的震驚簡直無法形容！同時間，卻也升起了無限的同情。當天晚上，我就決定：「家和萬事興」。我從自己的存款中提出二十五萬現金，放在一個信封袋裡，袋口上面還貼了一張公公親吻我女兒的照片。我心想：「一個死裡逃生的老人家，需要我們年輕人多一點愛！多一點的E

Q！」雖然，我知道他討厭我，但他的確是十分疼愛孫女。在信封裡，我附上一封信給他，我先告訴他，我不會讓他兒子浪費這筆錢去爲我贖車；另外，我也跟老公商量好，使出「哀兵政策」：假裝因爲先生比較重視我公公，而不肯原諒我、要跟我離婚，我的小孩會變成沒有媽媽的孩子，所以，我就故意裝可憐，在信中請他老人家多愛護一個沒有媽媽的孩子！

果然，這一招奏效，我公公看了信之後，心腸立刻軟化，愛孫心切的他，立刻跟婆婆來到我的住處，接受我的道歉，帶我回家去。那一刻，我終於看到，老公深鎖的眉頭鬆開了，笑容也再度回到他的臉上。

公公逼我吞藥自殺　婚姻走到末路

十幾年前，台灣的唱片產業蓬勃發展的時候，我先生一年可以爲唱片公司賺進幾億的收入。但是，後來盜版猖獗、網路下載興盛，景氣也越來越差，唱片業榮景不再，他必須以更大的工作量、更多的時間，去換取跟以往一樣的收入。接下來，許多音樂人都選擇去中國工作，他也不例外。當我先生決定將工作重心移往大陸的同時，爲了給我們一個更舒適的生活空間，他花了一千六百萬在汐止買下一棟獨棟的別墅。在我公公的堅持下，房子登記在他的名下，因爲他說，男人的頭三間房地產不可以買女人的名字，這樣子會招來霉運。

這棟五層樓的別墅，有一個很美的名字，叫做「綠葉山莊」，它擁有挑高七米的大廳；二樓是傭人房、遊戲室；三樓是我的主臥房；四樓是我先生的休息室；頂樓是錄音室及資料庫。我花盡了自己所有的積蓄，將房子裝潢的美輪美奐。然而，就在我們入住房子的第一天，我先生卻飛到廣州爲大陸

歌手配唱去了！從此以後，他甚少回台灣，超過一五〇坪的房子裡只有我跟孩子、女傭，度過無數流淚寂寞的夜晚。

在缺乏丈夫陪伴的日子裡，我的事業卻一飛沖天！我的塑身書，因爲出版社的靈機一動，多附上了一片小小的VCD，竟然一上架就大賣，盤踞非文學類的暢銷書榜首、銷售二十幾萬冊！陳水扁的「台灣之子」還排在後面。默默無聞的我一夕之間一躍變成了暢銷作家！我開始上遍各大節目、通告滿檔，一下子成了「名女人」。我的新書不但在台灣大受歡迎，甚至在星馬地區也開始熱賣。

沒想到，家庭糾紛的陰影，卻又在這個時候襲來！

在出版社的邀請下，我按計畫前往馬來西亞宣傳新書，因此，把寶貝女兒暫時送到公婆家中，請他們幫忙照顧。我在馬來西亞賣力的宣傳，新聞佔上了各報頭版，新書十分成功。不料，就在要回台灣的前兩天，女兒突然發起了高燒！但因爲既定的行程不能改變，我無法立刻回國。在長途電話中，我公公對我十分不滿，他很生氣的責怪我：「妳每天在外面趴趴走，小孩發高燒也不顧。妳憑什麼做人家的母親？」

好不容易結束了行程，一飛回台灣，我馬不停蹄的飛奔回內湖接小孩。女兒不知道是不是感受到媽媽回來了，一見我就大哭起來！可憐的她，爸爸長年待在內地，媽媽也不在她身邊，我看到高燒中的女兒，非常自責。還好，女兒第二天就退燒了。但我公公並沒有因此而消氣，他打越洋電話跟我先生告狀，而且說了一些很難聽的話。結果，我先生聽了很不舒服，父子倆再度在電話中爭執了起來，而且，我先生這次說了一席重話：「我們涂家苦了一輩子，現在好不容易能祖孫三代同堂，爲什麼你不能當一個幸福的阿公就好，卻要當一個刻薄的公公？如果你再不改變觀念，從此以後我們夫妻跟孫子都不會再去內湖（公婆家）了！」

這下子，公公又受不了了！他再度吞食安眠藥自殺！

但是這一次，獲救之後，家族中再也沒有親戚來關心了！而我，也決定不再妥協。公公第二次自殺獲救後，我就再也沒有跟他聯絡了，我不能原諒他每次都以自殺這種方式來傷害我們，也不忍心看到我先生因爲公公的壓力，而累出一身的病痛，我先生身上多達五十顆的脂肪瘤就是這樣累出來的。

我要奉勸天下爲人媳婦的女性，雖然說孝順是爲人兒女所應當，但是我們也應該要活出自己的人生，不應該不合理的忍耐、受虐，明知道對方不對，還是要求自己要愚忠、愚孝。必要的時候，我們也要設下自己的底線，告訴自己要勇敢的對抗命運，不必把自己的生命消磨在痛苦而不必要的磨難之中。

自從那時候起，我公公就更加的恨我了！聽說，他只要看到我在電視上，就會立刻轉台，並且臭罵我一頓。但既然決定不再往來，我也就不再去過問他的狀況。

有一天，我忙到半夜兩點，準備第二天要上節目的資料。突然間，門鈴聲響起，嚇了我一大跳！我狐疑的打開內門，竟然看到我公公很詭異的出現在我家門口！他雙手握拳，眼光渙散，看起來樣子很嚇人。我很直覺的往後退了一步說：「爸，你要做什麼？」他沒有說話，只是對我攤開了右掌。我看到他的掌心中，有一大把藥丸。藥丸有的粉碎了，跟汗水融化在一起。然後，他用很堅定的語氣命令我：「現在，妳甘願了吧？我的兒子、我的孫女都是妳的了，我又死不掉。現在，換妳死！」

我茫然的接過他手中的藥，我知道那是他自殺時吞的安眠藥。也不知道是著了什麼魔，也可能是因爲夜深人靜的寂寞，以及對婚姻的失望，我突然有個念頭：好吧，那就讓你稱心如意吧！我竟然轉

身倒了一杯水，準備把安眠藥吞下去！就在那危急的一剎那，說巧不巧，我那從來不曾在半夜啼哭的女兒，突然在夢中驚醒，而且大哭了起來，就像是有意喚醒我一般！我被女兒這一哭，止住了手中的動作，對我公公說：「你先回去，我一定會去死的，可是小孩要換尿布了，我先去給她換尿布。」

關上了門，我抱著女兒準備哄女兒入睡，但是，心裡卻不停的翻騰，拿起桌上那一把藥，我竟然像是被下了符咒一般，再度準備吞下去。就在這個時候，女兒再度救了我：「媽咪，我也要吃！」聽到她那稚嫩的聲音，我才赫然間被喚醒了般：我在做什麼？我怎麼能死？孩子怎麼辦？她這麼小，我死了，她將來要依靠誰？而且我沒有做錯事，爲什麼要自殺呢？

那一夜發生的事，在我心中，一直是個秘密。我本來沒有打算讓任何人知道，包括我先生。因爲，我再也禁不起我公公的第三次自殺了！現在，我有勇氣寫出來，原因之一是因爲公公已經不在人世；再則，我跟凃惠元終究還是離婚了。然而，當時這件事發生的時候，卻深刻的讓我感受到，我跟我先生之間的距離，已經越來越遠！婚姻，不僅僅是兩個人的結合，也是二個家庭的結合，公公的種種怪異行爲，困擾著我，但是因爲先生人在內地，他根本無法瞭解我的恐懼及絕望，這一刻我眞的好希望有人可以保護我。

我忽然體認到，我的婚姻，是個空殼。因爲，每當家裡有重大事情發生時，我需要先生的陪伴、需要他的安慰、需要他的肩膀時，他永遠都不在！無論是開心、喜悅，或是悲傷、害怕，我的先生永遠無法在第一時間與我分享。每天回到家面對的是一幢孤伶伶的大別墅；晚上睡覺時所依靠的，是一張冷冰冰的雙人床。這對我來說，是多麼痛苦而難以忍受的一件事啊！

我知道，長時間的分離所造成的巨大情感裂縫，是怎麼樣都補不回來的。

我還記得，有一次，我先生從大陸回來，興高采烈的放一張CD給我聽，他滿臉期待的看著我說：「妳聽聽看，這個音樂真的很棒！這是我耗資費時去中國邊疆辛辛苦苦採風回來的！」看著他一臉的興奮，我卻忍不住摀起耳朵潑了他一頭冷水：「我不想聽。那是我多年孤獨的等待所換來的！你知道嗎？你珍貴的音樂裡，滿是我的眼淚和寂寞。你去放給別人聽吧！我一點也不想聽。」話剛說完，我就看到他有如雕像一般靜止在音響前。他雖然背對著我，但我彷彿聽見我的話如尖針一般，同時刺進了我們兩個的內心深處，字字濺血！我感覺到我面前的這個男人，他愛我的心在瞬間凍結，而我愛他的心也在剎那間粉碎。我知道，我已經不願意再用我的青春歲月，去支持他追求他最愛的音樂理想了。

在我們分隔兩地的這些年中，我多次提出要離婚，但是他卻不同意，他一直希望我們能夠再給彼此一次機會。可是，對我來說，兩人無論在觀念、生活上，實在已經天差地遠了，勉強在一起，非常痛苦。我經常對他說：「女人是一朵花，如果你再不來珍惜我，我就要枯萎了！」每次聽到我說這些話，他都沈默以對，不發一語。我知道他對我覺得非常內疚。但是，他卻也無力去改變些什麼。

從現在開始，我的人生由我自己負責。有淚就吞下去；有苦就忍下去；有路就走下去；沒路就用雙手挖一條出來

逐漸的，在我們分隔兩地、名存實亡的婚姻生活中，對岸開始傳來一些他的緋聞耳語，唱片圈內也盛傳我們漸行漸遠。但我很驚訝的發現，我竟然已經沒有感覺了！而且，我還希望他不要像我一樣，在台北孤單、沒人照顧，他在異鄉若是有人陪他、愛他，就不會像我一樣孤獨無助。但是，在我

身邊女性朋友的善意提醒下，我還是決定要自己去證實一些猜測與感覺。

我飛到了成都，去探望我先生。我先生帶著那個傳聞中的女孩、他新簽下的新人來接我。根據女人特有的第六感，我明白我先生是全心全意的在製作一張由好聲音唱出來的好專輯。但是，我也看得出來，對方是一個想利用我先生脫離原本在ＰＵＢ演唱的小歌手身份、在娛樂圈揚名立萬的現實女孩。她良心不安的眼神，以及閃爍的言詞，都說明了她的目的。但是，隨著女孩之後頻頻搞失蹤、我先生焦慮不已的種種跡象來看，我知道熱愛音樂創作的他已經走火入魔，心中早已沒有我的位置了。

回台北的那一晚，在機場，我先生送我進海關，在揮手道別、轉身離開的那一刻，我心中還抱著些許希望，冀望著或許我先生對我還有一絲的眷戀。我閉上眼，在心裡默默的對自己說：「如果我現在回頭，他的雙眼還凝視著我的話，那麼我就還是要繼續愛著他。」於是，我吸了一口氣，鼓起勇氣回頭看他。當下，我只覺得心頭一涼，因爲我看到我先生早已轉身，迫不及待的奔離機場。我知道，他急著要去照顧他的歌手、完成他的音樂。

我的眼眶沒有淚水，只是對我自己說：「我要堅強，從現在開始，我的人生由我自己負責。有眼淚就吞下去；有痛苦就忍下去；有條路就走下去；沒路就用雙手挖一條出來。我要活出我自己的世界！」

後來，爲了減輕先生的負擔，也爲了想離開空蕩蕩、冷漠的記憶，經過懇切商量過後，我們決定把別墅賣掉。十年前，買這間房子的時候，一切都是那麼的美好，我們一起計畫著未來，我花了很多的心思、很多金錢去裝潢這間房子，到處去尋找漂亮的家具搭配它……搬進去的時候，我的心充滿了無限的喜悅與希望，幻想著當一個每天迎接丈夫回家的溫馨妻子。

然而，這一場婚姻最終卻是一場無言的結局。當我帶著仲介去爲房子估價的時候，眼看汐止房價從當年買的十幾萬一坪，跌落到納莉風災淹水後的最低價，一坪不到七萬元，眞是讓人欲哭無淚！算一算，我們賣出的房價，還不夠還貸款呢！朋友勸我，房地產當時是低點，何必急著賣出？然而，我的心卻來不及爲金錢的損失悲傷，我腦海中只有一個想法，那就是——**我不要再被關在這幢別墅裡守活寡了**！所以，我希望盡快將它售出。我根本不在乎是賺還是賠？因爲，我喪失的何止是區區的金錢而已？我買不回的，是我過去這三千六百五十個日子的青春、幸福以及對婚姻的美夢。

房子售出、與買主簽約時，眼看著房子裡精心布置的一桌一椅、一燈一燭，我的心中感慨萬千：**這是我們的第一幢房子，卻也是禁錮了我十年的愛的監牢**！爲了愛，我在這幢監牢中苦苦的等待了十年；爲了自由，我忍痛將它賣掉。**人如果要重新高飛，得先學會降落才行**。雖然萬般心痛，但淚流乾了、心已定了、情已逝了，我沒有再哭泣的權利！綠葉山莊愛的別墅、大門前美麗的櫻花樹，再見了！

賣掉了綠葉山莊之後，因爲女兒就學的關係，我搬到市區租屋。那是一間沒有管理員的「華廈」，就在我自己公司的樓上。雖然租金比較貴，但是女兒可以走路上學，我工作也很方便，節省了許多交通來回的時間。但是我完全沒有想到，沒有保全跟管理員的大樓，卻有潛在的危險！前年，我跟女兒的租屋處，遭到歹徒入侵，歹徒強暴了我的菲傭，還上了社會版的新聞頭條！那一次事發時，我正好帶著女兒出國演講，因此逃過一劫。但是，我眞的非常很害怕！我告訴我先生，這個家裡眞的很需要一個男人。他聽了之後，再度的沈默了許久。他很自責，每次當我需要他的時候，他雖然心急如焚，但人在國外遠水救不了近火。

經過了九二一大地震、納莉風災、公公自殺、女傭被性侵等等事件之後，我明白，其實我始終在過著一個人的生活。這一次，我終於決定，我不要再浪費光陰空等待了！我要離婚！

我以很平靜的語氣，告訴我先生：「請給我自由！」女人是需要男人以陽光、空氣、水般的長久照顧，才能開出美麗花朵的！而我，已經快要變成看似芬芳，但早已枯萎的人造花了！很奇怪，當我一旦這樣決定之後，一夕之間，**我不再認為我的安全、我的幸福都掌握在丈夫的手裡。赫然間，我釋懷了！**

離婚後用自己名字買下第一棟房子　勉勵浴火重生

當我在絕望、想求救的時候，我很喜歡聽林夕爲王菲所寫的「笑忘書」，當你笑忘之後，就無慾求、無慾念了。其實，我也很瞭解我先生爲什麼這麼投入在音樂上，因爲音樂，對人們是多麼的重要！我有時候會想，或許，是我的格局太小、他的視野太大，所以我們才沒有交集。他的音樂眞的是太棒了，所以天才如他，不能做一般凡夫俗子可以做的事情——比如說，當一個丈夫。十年後，當人們唱起九〇年代中國人最經典的情歌，「聽海」、「剪愛」、「往事隨風」時，人們會歌頌他的貢獻，就像我們現在唱「月亮代表我的心」、「但願人長久」一樣。但是，當一個藝術家的妻子卻是寂寞的，就像梵谷、莫札特、柴可夫斯基的女人一樣。在我心深處，我知道，我先生一直以來都渴望成功、帶給我跟孩子更多的幸福及榮耀。我雖然怨過他、恨過他、懷疑過他，但我仍然百分之百肯定，聽他的音樂，是幸福的。雖然，是犧牲了我們的家庭幸福換來的。

於是，在去年中，我們很低調的結束了長達十年的婚姻，各自恢復了自由之身。聽起來，我們結婚十年，好像很漫長，事實上，我們夫妻倆眞正相處在一起的日子，加起來大約不到三年。這十年當中，絕大多數的時間，涂老師都在忙他的音樂；而我，則習慣了獨守空閨。最後幾年，我們根本已經處於分居狀態，婚姻名存實亡。涂老師多半都爲了音樂，每天在錄音室熬夜製作唱片而無法回家，後來更是長年在內地做音樂；而我，則自己帶著女兒忙於我自己的事業，而且渴望越忙越好，我才能累到沒時間神傷我的寂寞。

去年協議離婚後，我鬆了一口氣，也發現其實離婚之後，我們反而可以做好朋友。像今年農曆年前，他們公司辦尾牙，我開開心心的出席；當他告訴我他的藝人曹格唱片賣得很棒，高居暢銷排行榜冠軍、他爲曹格寫的背叛現在更是愛音樂的新人們，及星光幫必練必唱的好歌、他們的音樂公司更加入了優秀的新人、他在內地得到許多音樂大賞時……我也衷心地祝福他。如果是以往，我可能會因爲妻子的角色，不甘心而諷刺他、酸他，造成兩人關係緊張；或是覺得他爲了事業而忽略了我，而不願意開口讚美他的音樂成就。現在，跳脫了妻子的角色，我反而可以客觀欣賞他，敬他爲一位不向金錢低頭、現實妥協的音樂家、崇拜他爲華人音樂辛苦紮根的精神。

有時候，兩個人不適合婚姻，但卻可以當朋友。與其痛苦的一起生活，不如各自分開，反而可以維持比較長久、愉悅的關係。我跟涂老師是如此，我的父母也是如此！你們知道嗎？我父母離婚，是我勸離的。傳統上大家都說「勸合不勸離」，但是，**不離婚，是一對怨偶；離婚，是兩個快樂的單身貴族**，那又何必堅持不分開呢？我的父母相差二十歲，兩人是媒妁之言，我的父親雖然是標準好男人，終日爲家辛勞，也沒有不良習慣，連抽一根煙都不會，但是，兩個人卻是完全不同的兩種性格，沒有一點兒相同的興趣與嗜好。兩個人在一起，永遠是父親發號施令，而母親則是沈默的一方。

當我自己體認到婚姻中的痛苦之後，我慢慢瞭解母親內心深處的無奈。她這一輩子，從來沒有眞正愛過、眞正爲自己活過。有一次，我無意間翻到母親的日記，竟發現紙頁上都是暈染的字跡，斑斑淚痕，就是母親爲我們所付出的大半輩子的證明。「哀莫大於心死」，是母親的日記中重複無數次的句子！母親告訴我，她對自己這一輩子已經放棄了！雖然，這是一個外表看起來幸福的家庭，但是私底下，母親卻是多麼的不快樂！因此，我花二年時間不斷的和父親懇談、力勸母親離婚，他們終於同意離婚，各自追求自己的幸福！

很幸運的，我跟母親都順利的離婚了！但是，我們跟很多人眼裡、不幸的「失婚女性」不同，我們是一對重生、獨立的女性。現在，我們母女經常一起出遊，母親有自己的朋友、自己的生活，她每天忙著上學、樂在工作，我也不再怨懟，可以重新追求自己的春天。所以，現在，每當我看到還在婚姻泥沼裡掙扎求生的女性，都很希望能藉由自己走過來的經驗，勸她們早日離婚。事實上現今社會開放，我不認爲離婚是一件壞事，與其每天自怨自艾，永遠活在痛苦中，何不承認錯誤，快點重新開始？而且有些怨偶離婚後，各自成長再結合時更相愛，例如張琪姐就是。

但是，**女人要離婚，手中一定要有自己的籌碼。因此，我一直認為，女人一定要有「雙才」—身材跟錢財。如果再有第三才：口才，那就更完美了！**保持身材，就是讓自己的外貌維持在水準以上，不僅看起來健康俐落、精神奕奕，也維持追求愛情第二春的本錢；保有錢財，不是要妳擁有萬貫家財，而是要以正確的理財觀念，把自己的財務狀況規劃好。這樣，妳才可以有本錢獨立生活，不用依靠別人、看別人的臉色過日子。這樣，不論妳是已婚、單身、或是二度單身，妳才能夠快快樂樂、輕輕鬆鬆，擁有自由、自主的生活，唯有讓自己保持在一個好的狀態下，才能眞正得到幸福，也把幸福帶給別人！

還記得，簽完離婚證書，走出戶政事務所的那一天，天好乾淨，太陽很溫暖，很像我十八歲那一年的某一個晴朗的夏天。我看了一眼我前夫，覺得我眼中的他和他眼中的我，都變得單純了！我想他肩膀上那些有形、無形，來自理想、現實、上一代、下一代的壓力，也都漸漸離開了他。我知道，我多了一個世界上最心疼我、瞭解我的朋友。幸運地，離婚後他眞的更關心我跟孩子了。

離婚後，我不斷提醒自己，現在開始，我必須母兼父職給孩子一個可以平安成長的家、一個不必看房東臉色、搬來搬去的家。孩子可以在牆上釘他愛的海報，做任何屬於自己的家做的布置及擺設！因此，就在離婚後的第二天，我用我的名字買下了屬於自己的第一棟房子，勉勵自己浴火重生。

Chapter 04

由教學轉作家再轉戰商場　塑身事業
讓我創下一年七〇〇〇萬人生新版圖

女人必須瞭解一件事：力量是靠自己爭取而來的，沒有任何人可以給妳。

——艾美獎得主羅珊．巴爾

「身材＝身價」這是全天下美女的「王道」

這些年來，我從教導明星跳舞、塑身，到推廣塑身減重，教導社會大眾雕塑好身材，花了不少的心血和功夫。對我而言，女人要保持身材，跟學會理財，是同等重要的事。塑身，不僅是爲了討異性的喜愛，也不只是想要留住丈夫的心，更不光是穿衣服好看而已。塑身眞正的目的，除了維持身體健康之外，最重要的是讓一個女性，活得更加有自信、愛自己。

其實，根據目前所有國內外的研究，「保持良好的飲食習慣」與「維持適量的運動」，可說是有百利而無一害的事，也是瘦身的不二法門。尤其是適當而正確的運動，不但可以讓我們維持身體健康，更可以增加心靈的愉悅。因爲，運動的時候，身體所獲得的氧氣，可以讓我們的身體持續製造抗憂鬱的激素，因此，如果一個人保持良好的飲食習慣，並且保持固定的運動量，那麼不但身體可以獲得健康，不會得到憂鬱症，更可以常保心情開朗、愉快，還好我有良好的運動習慣，否則眞不知道我的壓力如何排除。我有一句爲新時代女性訂定的名言：「身材＝身價」，這道理是全天下美女的「王道」。

我常常說，不論妳是何種體型——竹竿型、金剛型、蘋果型、西洋梨型、葫蘆型、或是肥胖鬆弛型的女性，都可以經過正確的塑身，讓妳的外型維持在最佳狀態。一個四、五十歲的熟女，例如：關芝琳、劉嘉玲、藍心湄，只要運用正確的方法，一樣可以擁有像是少女般的身材。而靈活的身型，除了可以讓人維持健康之外，也可以讓人保有活力！想想看，一個癡肥臃腫、連逛個街都會氣喘如牛的人想要完成夢想，比如說：去賺錢、去創業、看房子，困難度當然會比一個腳步輕盈、健步如飛的人高！而且，這是一個注重外型的社會，將自己的體型保持婀娜多姿，留給別人良好的第一印象，不論在進行什麼樣的計畫，都會比較容易成功喔！

對我本身而言，「塑身」這兩個字，代表的意義更不止於此！我的塑身成功，不僅將我從產後臃腫不堪的胖子生涯中徹底解救出來，讓我重拾輕盈體態，讓我能再度從事於我所喜愛的教舞工作，更無心插柳的爲我開創出另一個事業春天！這倒是我當初致力於減重塑身時，所始料未及的呢！

我本來的體型就是屬於健壯型的，像田徑選手的身材。從少女時期開始，因爲迷練舞蹈、拼命練習，加上學習方法又不是很正確，因此女孩子最怕的蘿蔔腿、粗壯的大腿，我通通都有！高中的時候，纖瘦的漂亮妹妹是等著男生排隊來追，而又壯、又經常滿臉痘痘、不懂打扮的我，根本沒人追！唉！眞是「醜女沒人愛，胖妹變公害」啊！

懷孕之後，爲了生下寶貝女兒，我更是付出了相當大的代價。我懷孕的時候，已經三十三歲，年齡不小，再加上產檢時，被醫生診斷爲「前置胎盤」——也就是胎兒著床的位置太靠近子宮頸出口，因此，爲了避免出血、早產的危險，醫生交代我在懷孕期間最好臥床安胎，以免流產。而且，醫生還特別交代，要我努力加餐飯、多吃一點，好讓寶寶趕快長大！這樣萬一寶寶早產時，就可以有足夠的體重爭取存活率！

這一安胎，就足足安了八個月！整整八個月，我每天都必須躺在床上，不能運動，甚至除了上廁

所之外，都躺在床上。於是，我每天最大的樂趣，當然就是吃囉！除了看電視、書報外，我每天最重要的事情，就是吃飽了睡、睡飽了吃，炸雞、披薩、義大利麵、冰淇淋、蛋糕，都是我的最愛！再加上住在山區，因爲商店少，每次想吃什麼，都要買五百元才能夠外送到家，如果想要吃個便當，一次要叫八個才可以外送！想想看，我一個人吃飯，卻送來八個便當，那當然就是吃、吃、吃，肥、肥、肥囉！而公公、婆婆的觀念是「一人吃，兩人補」，老公也怕我在家無聊，工作回家時總不忘帶些美食回來給我解饞。於是，我每天都樂得開懷大吃各式美味！而大家想盡辦法把我當豬養的結果，就是我的體重如同失速一般的往上狂飆！到了臨盆前夕，我已經從原本的五十四公斤，一路狂飆，胖到了九十二公斤！

那時，雖然體重一直飆升，但我卻不甚在意，反而一直安慰自己，這就是母性的偉大：「沒關係，等我生產完之後，自然就會瘦下來了！」沒想到，這只是我的一廂情願而已，事實上完全沒這回事兒！三千三百二十五公克的寶寶，加上羊水，總共也不過五、六公斤。剩下的，全在我的身上！生完寶寶，我的大肚子絲毫不見消腫，身上肥肉依舊。出院回到家，我往體重計上一站，哇！足足還有八十六公斤！

悲慘的還在後面！生產完之後，因爲我親自哺乳，我那愛孫心切的公公堅持在我餵母奶的時候，不能減肥，還要加緊繼續不停的進補，否則奶水會不夠！所以，我只好每天繼續再被當豬養，舉凡油膩膩的麻油雞、麻油腰花、豬腳花生湯、八寶蓮子羹……餐餐少不了。再加上女兒又很黏我，孩子生下來的頭一年，我根本沒辦法出門，更別說運動減肥瘦身了！於是，八字頭的體重就一直跟著我，就這樣，過了八個月，我當我站上體重計的那一剎那，我簡直不敢相信自己的眼睛，我不但沒有瘦下來，還比剛生完小孩時，重了一公斤──八十七公斤！

但是，孩子實在太可愛了，我們全家都沈浸在新生兒的喜悅當中，讓我一直沒有去正視肥胖的問題。直到有一次，我在百貨公司，遇到一個以前的學生，她一看到我，就很高興的衝過來恭喜我快要生了，還叫我請滿月酒時一定要通知她！天啊！那時候我已經生完八個月了耶！竟然還被當成即將臨盆的產婦！你就知道我胖的有多離譜了！連張克帆看到我，都以為我懷的是三胞胎咧！還好，我是個開朗的牡羊座兼樂天派的O型，否則，遇上如此令人尷尬到無以復加的場面，還眞的讓人蠻想去一頭撞死的！

這幾回出糗，終於讓我不得不面對現實。我眞的不應該再這樣放縱下去了，否則，不但沒有辦法重拾往日跳舞的工作，也沒辦法出門見人。正好那時候，黃乙玲及辛曉琪的唱片公司有個案子想要找我，要我替即將出片的她們做一些肢體訓練及編舞。沒想到，當企劃人員第一次見到產後復出的我時，一張嘴驚訝的張成O字型，合都合不起來！他們完全認不出來，這就是以前教跳舞的張淳淳老師嗎？

企劃人員心中都很擔心，我究竟能不能再跳舞？

而我自己也發現，那時候，原本對我來說易如反掌的轉身、抬腿等動作，竟然都變得異常困難！多了四十公斤的肥肉，一圈一圈的堆積在我的腰上、手臂、大腿上，虎背熊腰的我，跟專業的老師根本就扯不上關係，不但很難找到適合的衣服，更別提時尚流行了！每天只能像是歐巴桑一樣，套著產前的孕婦裝，自我安慰的說是「娃娃裝」！生產前的牛仔褲，褲腿根本就只能卡在膝蓋，拉不上來！那時候的我，也不在意美醜，終日頂著一張油滋滋的臉，一頭亂髮也無心整理，實在邋遢到了極點！

最糟糕的是，我找出了從前的舞鞋，竟然發現，我那臃腫的腳完全塞不進去！那一剎那，我的眼淚都快要掉了下來！於是我面對鏡子，痛定思痛，認真的下了決心：**我—要—減—肥！**

買一百多本瘦身書作功課　自己研發塑身法

可是，該怎麼減呢？那陣子，電視上有許多瘦身美容的廣告，那些看起來非常真實的見證案例，都是從大胖子變成窈窕美女，讓人看了很心動。於是，我也去了某一家瘦身中心，請對方替我評估，從八十七公斤減到四十八公斤要花多少錢？結果，算一算，減掉三十九公斤的肉，我得花上一百多萬元！哇！這真的是太貴了！於是，我放棄了請別人幫我減肥的想法，決定拿出當年「看錄影帶、學跳舞」的無師自通精神，自己來減肥！

減肥的第一步，就跟當年我學跳舞一樣，首先得先參考一下眾家瘦身教材的精華。我先去書店走一遭，尋找跟瘦身減重有關的書籍。結果我發現，瘦身是個熱門話題，相關的書籍、影音產品還真不少呢！我望著書店裡，一整面牆的瘦身減肥書，花了一些時間，剔除了三、四十本我覺得內容很瞎的，然後就請店員把牆上剩下來的每一本通通包起來！我總共買了一百多本瘦身書。回家之後，我開始認真的閱讀。然後，我發揮我當年學習編舞的精神，從別人的方法裡擷取優點、剔除缺點，比方說，清一色由歐美人士所教的塑身，就不適合愛吃米飯、易胖體型的亞洲人；而以居家主婦居多的日本人所創造的減肥運動，也不太適合上班婦女佔多數的台灣女性。我決定，擬出一套比市面上販售的、更好的、更適合台灣人的張淳淳減肥計畫！

首先，我把所有的運動類型列了一張清單，並觀察從事這些運動一年以上的人，他的體型有什麼改變？爲什麼是設定「一年以上」呢？原因很簡單，如果你想成爲一位拳擊手，可是你只練習了一個月，那麼即使是拿著放大鏡來看，也很難看出成效來。但是，長期下來，就會看得到身材、肌肉的差異了。所以我把觀察期拉長爲一年。觀察久了，我發現，就算素未謀面，但是從面色、形體，你就可以看得出來：「哇！這個人多久沒有運動了，氣色看起來這麼差，全身都鬆垮垮、病懨懨的！」但也有些人，你一看就會打從心底羨慕他：「看起來眞是健康有活力，大概是高爾夫球場或是健身房的常客吧！」

因此，我把別人的運動經驗當成鏡子，好好地檢視一番。例如一位常上健身房，雙手費力地扛、抬、推、舉著比自己拳頭大N倍啞鈴的女生，經過長久的努力，的確可以在她們身上看到像健美小姐那樣塊壘分明的肌肉。可是，不知道你是否有跟我一樣的感覺：「這些女人的胸部怎麼都不見了？」而且，胸骨會變得跟雞胸一般突出。因此，我就把這種運動，畫了一個大X。

接下來，是一般人最常見的運動方式：「慢跑」。可是那蘿蔔般的小腿及強健結實的大腿，也是怪嚇人的，所以我眼也不眨地也給它畫了一個大X。

再來，看看最流行的「有氧舞蹈」或是「韻律舞」吧！每當五十分鐘的課程結束，汗是流了不少，但也差不多快要虛脫了！就像明明只吃七分飽就覺得滿足的人，卻硬是讓自己的腸胃撐到十分滿一樣，非常不舒服！而且年紀比較大、筋骨硬梆梆的人，跳完之後，往往腰痠背痛、骨頭都快要散開了！況且，這些運動的音樂的節奏實在太快，往往一個動作還沒有確實做完，另一個動作就又接連而來。你又不是要改行當瑪丹娜的伴舞，幹嘛要用職業表演者的音樂速度來瘦身呢？

難道你沒聽過一個名詞，叫做「運動傷害」嗎？所以，我也在這個瘦身項目上，打了一個大X。

你覺得莫文蔚的身材怎麼樣？李玟、鍾麗緹的身材也不錯吧？是不是跟我們要的理想身材吻合許多了呢？再看一看好來塢性感巨星安潔莉娜裘莉、或是「小迷糊」歌蒂韓，她們的身材，正是所有女性夢寐以求的身材：胸部堅挺、腰部曲線苗條、臀部渾圓結實、雙腿修長有彈性。我再仔細的蒐集資料後發現，這些女星所選擇的運動都有一個共通點，那就讓她們更爲「前凸後翹」！因此，我決定，我要的塑身運動，除了要讓體重回歸正常之外，還有一個最重要的目的，那就要讓我的身材更爲「前凸後翹」！

想好了之後，我決定要找一個可以配合運動的塑身工具。於是，我就到我家樓下的運動用品社，想找一個小一點的啞玲。沒想到，我在店裡翻翻找找，卻意外找到了一個可以套在手腕上、有重量的**ankle weigh**：一種設計成像護腕一樣，可以套在腳踝或手腕上、裡面裝有鐵沙、外型很像「甜甜圈」的產品。這個東西，主要的作用是用來做重量訓練，讓人訓練腿部或手臂肌肉的運動用品。大概是因爲很少人買，所以它被丟在一堆滿是灰塵的運動用品中。我心想，咦，這個東西倒是蠻符合我的需求的，不像啞玲那樣會練出塊狀出肌肉，但是卻可以消除贅肉，讓肌肉緊實。於是，我就把它買回家，開始我的塑身大戰！

我按照幾位日本專家的建議，每天早上起床，在刷牙洗臉過後，就將「甜甜圈」像戴腳鍊一樣的戴上雙腳，然後開始照常做家事、忙裡忙外，然後自己計算一下，雙腳大約走路達到四十分鐘之後再取下。要注意喔！這個時間是「加總」起來算的，比如說，妳戴上甜甜圈之後，在上班途中走了約十分鐘；到了辦公室之後，開始坐著辦公，但是中間起來上廁所五次，一次二分鐘；中午外出吃飯，來回走了十分鐘；下班回家的路上，又走了十分鐘。這樣，加起來走路就有四十分鐘囉！或是家庭主婦在家掃地、拖地，走動了二十分鐘，加上帶小孩去公園玩，花了二十分鐘，這樣加起來，也有四十分鐘！只要是加起來差不多有四十分鐘就可以了！我就照這樣的作法，實行了一個多月之後，我的下半身贅肉眞的消除許多！大、小腿變得修長，臀部也緊實了！

至於上半身，我則是利用有需要用到手臂活動的時間，比如說洗碗、掃地、做家事、逛街購物等等，就在手腕上像戴手環一樣的套上甜甜圈，這樣，就可以利用平日日常生活中的活動機會來修飾手臂及肩膀的線條。比如說逛街的時候，女生很喜歡拿起衣服來往身上比一比，這一拿、一放，如果戴著甜甜圈，就是鍛鍊肌肉的好機會！不過，要注意的是，假設是長時間保持著同一動作不變的時候，比如說是在打電腦、開車、寫字，就最好不要戴上甜甜圈，以免造成肌肉長時間緊張的運動傷害。我用這樣的方式同樣的實行了一個月，果然肩膀肥肉緊實了不少，手臂上的「蝴蝶袖」也消退不少！效果非常顯著喔！接著，我更利用甜甜圈，抬腿、扭腰、仰臥起坐等等的方式，配合手腕、腳腕戴著甜甜圈，設計了一套塑身運動，幫助自己將胸部、腹部的贅肉逐步消除。當然，塑身運動更是少不了豐胸、翹臀的動作囉！

除此之外，另外一項瘦身重點，就是要改變我原來那種多油、多熱量的飲食。我參考坊間的瘦身餐，經過自己的體驗，再請教營養師，設計出了二十一道瘦身美容湯譜。並規劃了一套包含營養早餐、美味低熱量午、晚餐的食譜，作爲瘦身期間的飲食依據。我自己並且嚴密的計算卡洛里，切實做到「少進多出」的熱量控制，因此，瘦身計畫很快就達到了效果！我的體重眞的慢慢降下來了！而且，我不僅瘦的快速，也瘦的健康、瘦的美麗！朋友看到我的我瘦身成果，都紛紛詢問我秘訣爲何？而我也不吝嗇的跟大家分享！因此，這套瘦身方法，不僅只有我自己受惠喔！我的學生，像是辛曉

琪、潘越雲等等，都是靠這套方法，有的瘦身成功、有的雕塑成形，讓肢體更彈性、更緊實，大家都很開心！

變成塑身女王　意外開創事業第二春

在幾個月過後，我的體重從八十七公斤，降到了六十五公斤。因爲「滾石唱片」有案子找我合作，於是我便到「滾石」安排的教室跟辛曉琪上課。剛好，有一家出版社的人來找辛曉琪，他們想要談出鋼琴琴譜的事，因爲他們並未看到之前更胖的我，所以還很訝異的說我變胖了！大家聊了一會兒，我提及之前從八十七公斤瘦下來的故事，大夥兒都很佩服。

約莫事隔兩個月，同一位出版社的小姐，再度在滾石唱片遇見我。這次，她一看到我，嘴巴也張成了一個大大的「O」字型，半天合不攏！原來，那兩個月，我的體重又從六十五公斤，一路降到了五十公斤左右，甚至比我懷孕之前還要瘦！而且，我不但瘦了約十五公斤，我的身材可說是雕塑的前凸後翹，非常魔鬼呢！不要說出版社的人看到我大吃一驚，當時連坐月子時曾經到我家爲寶寶填保險單的一個保險員，後來都完全認不出我來，一度還把我誤以爲是我老公的小老婆咧！

這下子，這位出版社的小姐，開始對我展現了高度的興趣。她非常想知道，我到底是怎麼瘦下來的？而且還瘦的如此漂亮！當她聽到「滾石」唱片公司裡的辛曉琪、李心潔、潘越雲，都是用我的方法，瘦了三、四公斤不等時，更是興奮到了極點！她頻頻追問我到底是怎麼辦到的？並且不斷的檢視我的身材，左看看、右看看，簡直不敢相信她自己的眼睛！她看到我不但沒有鬆弛的皮膚，也沒有暗沈的臉色，覺得十分不可思議！當她聽完我自己發明的這一套運動與塑身經驗之後，她對我的瘦身方法大感興趣，並且覺得讀者一定也會很感興趣，於是，就大力的鼓吹我將自己的經驗寫出來，這也促成了我日後出版第一本瘦身書：「6 分鐘瘦一身」的契機。

「6 分鐘瘦一生」這本書上市之前，出版社的工作人員特別打電話來問我，書中提到，用來運動、套在手腕上的 ankle weigh「甜甜圈」，要在哪邊購買？因爲，根據他們以往出書的經驗，等到我這本書上架的時候，一定會有讀者打電話到出版社來詢問關於用品何處買的問題，屆時，電話不斷，會造成他們的困擾。因此，他們建議，要我把可以買到這個東西的商店寫清楚，包括電話、地址等等。我聽了之後，想了半天，不知道該怎麼辦？因爲，我那時候根本不知道哪裡有專門販售這種運動用品的商店，我自己所買的唯一一副，就是在我家樓下的運動用品店裡找出來的，而且，因爲這個東西並非熱門產品，現在究竟還有沒有貨？我也不確定。

於是，我就請出版社再去找那家運動用品店商談，請店家幫我進些「甜甜圈」，放在幫我規劃出版的經紀公司那裡。然後，出版社在書中附上郵購訂單，讓讀者可以用郵購的方式跟他們購買，以免萬一在外面的商店買不到這個塑身用品，讀者會覺得很困擾。當時，我完全沒有想到要以這個產品賺錢，只是純粹的把它當作服務讀者的一個附加福利而已。所以，在洽談時，也沒有其他想法，完全沒有想到什麼利潤、商機的問題。

沒想到，這一本「6 分鐘瘦一生」，一上市就熱銷，大賣了二十多萬本！而且，還高踞非文學類書籍的銷售排行榜榜首，一連稱霸有數週之久！

光是版稅，我就始料未及的賺了三百多萬元！眞是令我又驚又喜！可是，我跟經紀人的合作，卻也在這個時候發生了一些問題。其中之一是，因爲這本書大賣，因此讀者訂購甜甜圈的訂單，如雪

片般飛來，可是經紀公司並沒有專門可以處理訂單的人員。這些煩人的包裝、郵寄工作，讓經紀公司的員工增加了許多額外的工作量，因此，公司同仁都抱怨不已，經紀公司老闆也受累不少！同樣的，因爲沒有專人處理訂單，讀者的抱怨也是不計其數。有一次，我待在經紀公司裡，一個下午，就接到好幾位讀者打電話來抱怨的電話，連我外出走在路上，都有讀者跟我抱怨，說她們塡寫了訂購單寄出之後，卻遲遲沒有收到商品！

經過調查之後，我這才發現，有很多讀者的訂單，根本就是被工作人員棄置在公司的角落，沒有人願意處理，我發覺事態嚴重，這樣的狀況不但會影響書的後續銷售，也會影響到經紀公司老闆跟我個人的形象與信譽。於是，我跟經紀公司老闆央求，讓我請人來處理讀者訂購「甜甜圈」的訂單，這樣，我們就可以把工作做一個區分。她聽了之後，也很爽快的答應了。這樣一來，我們雙方分工合作，不但可以讓經紀公司負擔減輕，我可以請專人對讀者負責。

有了對讀者訂單處理的經驗和心得，再看到第一本書的成功，我心裡的一個計畫也逐漸萌芽，那就是—我想要自己主導、規劃一系列的塑身美容書！一方面，我想將我的經驗分享給更多的讀者，一方面，我也打算擴張我的舞蹈事業，將之擴充爲塑身、健康事業。

但是因爲經紀公司一直希望我多多往戲劇和綜藝發展，可是我個人覺得並不適合，於是，我就找了律師跟經紀公司深談。當然，要買回這個合約，我付出了不小的代價：一百萬元的解約金！不過，現在看起來，我當時所下的這個決定，眞是再明智、再値得不過了！因爲，如果我被這紙合約限制住，恐怕也就沒有張淳淳的事業王國了！所以，這件事給我的教訓就是，簽合約這件事，其實眞的是要小心謹慎的，而當機立斷的決定更是重要！有時候，失之桑榆收之東隅，雖然當時的我看起來是損失了一筆金錢，不過，我買回的卻是更值錢的「未來願景」！

解約之後，我一面開始構思一系列的塑身書，一方面仍繼續處理第一本書的讀者訂單。有一天，我一面整理著大量湧進來的訂單，一面包裝著甜甜圈，忽然間，我赫然醒悟：**跟塑身所結合的運動用品，其實是一個趨勢產業，也是還未開展的商機呀！**我怎麼手上掌握著機會，卻不知道讓它發光發熱呢？竟然傻傻的做代工，讓到手的財神爺匆匆走過！想想看，我只出了一本書，就湧入了上萬張的「甜甜圈」訂購單，那麼，就表示需要塑身的讀者，其實也可能需要其他的塑身運動產品！而且，台灣需要塑身的人，何止這一本書的讀者而已？「甜甜圈」這個運動器材其實本身就是一個可以長銷的產品，不僅僅是個「讀者服務」而已，不是嗎？想到這兒，每看完一封讀者回函的建議，我就更加決定，**我要正式開始做生意了！**

第一次做生意 訂單接到手軟

有了這個想法之後，第一件事，就是先去走訪各家「甜甜圈」的供應商。我雖然對於行銷一竅不通，也沒唸過半點關於商學系的課程，不過我也知道，想要賺錢，首先得把進價壓低才行。於是，我想到要直接找尋運動器材商店的上游供貨商。不過，剛開始，我遇到了許多挫折。首先，運動用品店的老闆當然不願意告訴我這個門外漢，他們的店內商品到底都是從哪裡進貨的？於是，我得想盡各種辦法自己找門路才行！我套用了一些運動界的關係、透過一些朋友，以及自己上網找資料、假裝顧客打電話去詢問，我終於慢慢的摸索到了一些門路，也找到了一家「甜甜圈」供貨商。

因爲當時時間緊迫，我先臨時租了一間位在舞蹈教室後面的儲藏室，當做存放貨物的貨倉。那間

倉庫現在可是創下台北市土地高價的信義聯勤左邊第三間DSP溜冰教室喔！然後呢，我開始自己設計、改良「甜甜圈」，把它與「健康磁石」作結合，並且改良做成女生最喜歡的果凍粉紅色、酷炫寶藍色等等，並且正式在第二本書中將之定名爲：「一秒奈米瘦瘦圈」。另外，我還把原來簡陋的包裝盒，遍尋各工廠訂作較具質感的包裝盒，當時，我光是開模具的費用就花了二十五萬元！並且配合我的書、運動，錄製了教學光碟，一起行銷。當第一批嶄新、美麗的「一秒奈米瘦瘦圈」誕生之後，我也開始動腦筋思考一些行銷策略，比如說，推出「第二對五折」的方案，回饋之前曾經買過甜甜圈的讀者們：「更新、更漂亮的『一秒奈米瘦瘦圈』來囉！推薦親朋好友購買第二對，算妳五折喔！」

不過，不要以爲，找到了廠商可就一帆風順啦！剛開始，我眞的遇到了很多難以想像的挫折。雖然，隨著經驗累積，我對於運動用品的行銷越來越熟悉，也常到國外去參觀一些瘦身用品大展、認識一些產品大廠，並且大開眼界的看到了許許多多沒看過的瘦身美容商品，但是，我發現，很多從沒見過、新鮮有趣的美容瘦身商品，卻都不願意進貨到台灣來！爲什麼呢？其實也不能怪全球大多數廠商，因爲，第一、台灣對於全球貿易市場來說，市場小、訂單少，國外的大廠根本不把這裡的小小市場看在眼裡！第二、台灣仿冒品多，一個新的運動用品一旦進口，如果紅起來了，短期內仿冒品就一定滿天飛，往往連夜市也買得到！那麼，廠商還有什麼意願進口呢？第三、像我這樣的新廠商，遇到好的商品，如果要用票期比較長的支票，廠商通常都不願意接受，如果接受的話也會把價錢提高把利息往上加。

經過思考之後，我決定採用的解決方案是，選擇從單價低、容易學、效果佳的運動商品下手。仿冒的問題雖然不容易解決，不過我卻可以從產品的服務、後續指導做出自己的口碑。因爲，我考慮的是，第一，我的資金不夠豐沛，因此不可能投入太大的資金在商品進貨上。第二，我沒有很大的倉庫可以放置商品。第三，我的讀者大部分年紀也都不太大，以年輕上班族、家庭主婦或是學生爲主，能夠負擔的金額也不會太大；對於體積大、單價高的塑身商品，例如三溫暖烤箱、跑步機等等，接受度一定還要培養，所以，我的第二本瘦身書，除了持續介紹第一本書中的「一秒奈米瘦瘦圈」外，我另外推出的塑身產品就是「FIT BALL塑健球」。

塑健球這個產品很特殊，很實用，更有塑身功能。我一看到它，就大爲驚豔！我另外選擇了搭配「按摩顆粒塑健墊」，再配合推出一些美容套餐的產品，像是潤膚手SPA套啦等等。這些產品的定價都在三千元以下，單價不高，連學生及家庭主婦可以很輕鬆的購買。果然，這個產品策略的鋪排非常正確，推出之後，非常受歡迎，訂單又是接到手軟！

第一次做生意，我有了一個不錯的開始！不過，一路走來，也是交了許多學費，換取了很多經驗。比方說，我在引進塑健球時，並不懂得要求「獨賣權」，因此，當我辛辛苦苦的推廣塑健球，把產品做紅之後，卻發現有很多廠商都在賣塑健球，這就是因爲我沒有「獨賣權」，產品也沒有申請「專利權」的關係！有些消費者甚至以爲某些品質不好的球，也是我公司出品的！因此，後來我在選擇產品時，就會注意「獨賣」及「專利」的問題，或是選擇難以仿冒的產品。充滿點子的我，也開始自己研發專利塑身產品。因爲一旦取得世界專利的證明及資格，那麼日後我公司的產品，就是獨一無二的了！這也印證，在像鴻海這般的大企業十分重視專利權的原因。

不過，直到這時，我的生意範圍，都還處於「保守」的狀態下，每個月營業額大約在幾十萬元左右。資金算是小進、小出，雖然風險不高，但利潤相對也不高。不過，對於由教學轉作家、再轉戰商場的我，第一次做生意就小有心得，已經是非常、非常的滿意了！

我可萬萬沒有想到，我的塑身事業，因爲台灣通路大戰的變化，竟再創高峰！

再創高峰　我的第一個一千萬

幸運的我，第二本書同樣賣的很好，主推的塑健球引發了一陣熱潮，電視節目很喜歡我上節目秀瘦瘦圈、塑健球的用法，塑健球的知名度也節節高昇。同時間，我的第三、第四本書，也陸續上架，我也依舊忙著我自己的小公司、忙著教明星跳舞、塑身。突然有一天，我公司接到了一通「東森」購物台打來的電話。這一通電話，可以說是我塑身事業的一個轉捩點！他們的ＭＤ（商品開發）打來問我：「淳淳老師，妳有沒有興趣到東森購物來賣妳的塑健球？因爲我們接到好多顧客打電話來詢問，有沒有賣妳的塑健球！」

哇！上購物台去賣？這可是我從來沒有想過的事。我大致的問了一下合作的條件之後，心裡著實興奮了起來，因爲在電視購物台賣產品是很現實的，產品一旦賣掛，馬上就沒有第二次的機會；但是，一旦賣的好，那麼一檔就可以賣出相當驚人的業績！而且，一檔接一檔，不但馬上會造成風潮，我的事業也將會有不一樣的發展！

我只想了短短幾秒鐘，就決定一定要試一試！我和東森購物簽下了一紙合約，先試賣一檔。我心裡想著，上電視購物賣產品，跟賣書不一樣，書賣個幾十萬本就算是大賣了，但是電視觀眾可是數以百萬計的！那個市場絕對不止百倍！

我在東森電視購物台第一次推出的組合，是二九八○元「淳淳魔鬼曲線組合」。這個組合，是當年東森購物台的靈魂人物、也是我超欣賞的「一姐」利菁建議的。她說，這個價錢，是一般普及收入的消費者都能夠消費的起的黃金價格，因此，將塑健球、有氧階梯踏板、一套沒尺寸限製的塑身衣、塑身教學VCD跟我的書，五樣商品一起推出，一定會賣的嚇嚇叫！而且，她叫我上節目時，一定要穿的很辣，讓女人羨慕、男人心動，這樣才會達到效果！

第一次節目現場播出時，我反覆的練習著我要對觀眾說的話、做的示範，親自上場推銷。在現場燈光的強烈探照下，我揮汗如雨的示範，教導觀眾怎麼利用這些產品健身、塑身。我以每天教導那些明星學生們的精神全力投入，唱作俱佳的熱情演出，可以說是使出了渾身解數！當時我真的好投入、好開心，想想看，只要看電視的人都是我的學生耶！當時，正是我身材維持得最好的全盛時期，體重只有四十八公斤，線條窈窕優美，腰是腰、胸是胸、腿是腿！我親自上陣示範，對照從前肥胖的九十公斤！對觀眾來說，非常的具有說服力！果然，觀眾都被我的熱力十足給感染了，一股搶購的熱潮立刻席捲東森購物！第一檔賣完，我聽到全體工作人員及製作人的歡呼聲！我們竟然在短短四十分鐘內，賣出了二千四百組的塑健球！

傻傻的我，當時也不知道到底二千四百組賣的到底有多好？等到了後台，算了一下：2980×2400＝715萬2000元，也就是說，我在四十分鐘之內，創造出了七百多萬元的業績！這表示，每一分鐘的成交量是十七萬八千八百元！我心中當時還不知道這在購物台內算是創紀錄的好成績，只是覺得好險、好險、老天保佑，哇！還好一分鐘賣出超過東森的最低標準一萬元，不然以後就回家吃自己、不用來啦！

第一檔試賣之後，我信心大增，東森立刻要我們趁勝追擊、加緊出貨。對方沒有任何條件，只除

了一個：每一檔都要我親自上場推廣！我一離開攝影棚，就立即下了訂單，訂了兩個貨櫃，總共一萬顆塑身球！當場，我就付出去了三百萬元的現金訂金！我的手在寫支票的時候，都有些忍不住微微的顫抖，這可是我卯足全力的孤注一擲！因爲，這張票明天就要兌現，國外的廠商要求的現金訂金只是貨款的一小部份，而二個月後，所有的貨款都要現金到位！而且，最令人膽顫心驚的是：一旦定了貨，就不能退貨！我心中默唸著：只許成功、不許失敗！只許成功、不許失敗！因爲，我付出去的，幾乎是我所有的積蓄與資金，我一股腦兒的將它投了進去，如果失敗，那我不但是一貧如洗，更是債臺高築了！

還好，接下來的檔期，檔檔熱賣，成績斐然！我們一方面忙著儘速將貨品送到消費者手上，另一方面，我們更要忙著催促我們的廠商，要準時將產品提供給我們。因爲之前沒有經驗，我並不知道可以跟廠商協調進貨量，可以先訂一個量，再談追加，竟然一次就進了上萬個塑健球！現在想起來，眞是一個十分冒險的經驗！不過，放手一搏，我竟做出了十分驚人的好成績！幸運之神給了有勇氣、肯努力的我一個大禮：我的一萬組塑健球全部賣光光，營業額高達二千九百八十萬元！對半分給東森的拆帳費用之外，我拿到的金額還高達一千四百九十萬！哇！這下，我不但有錢可以付貨款，而且還從一個充滿傻勁的塑身減重老師，一躍成爲愛上經營事業的女強人了！

讀者是否很想知道，那一年，我到底賺了多少錢呢？我在這裡要很誠實的告訴各位，那一年的年底報稅時，我的公司毛利統計是：七千萬元！對我來說，那眞的是一個想都沒有想過的數字！！我知道，有了這大大的一桶金，我的事業方向定位了！女性創業的春天也來臨了！

Chapter 05 投資前先預習的4個觀念

我必須承認，我不喜歡金錢，但我更不喜歡沒有錢！——美國名人凱薩琳

「女人要有雙才」，前面說過，第一個「才」，是要有健康窈窕的「身材」，第二個「才」，就是能讓妳致富、給妳好生活的「財」。

所謂，「你不理財，財不理你！」這句話是很有道理的。但是，很可惜的，在我周遭具有理財概念、喜歡研究理財、關心理財新聞、眞正學習去理財的，絕大多數都是男人。對理財有興趣的女人眞的比較少！

這或許是跟有些研究「男女大不同」的人提出所謂「左右腦思考」不同也有關聯吧？或許男生、女生天生就有些差異性。每次看到一群女人聚會的場合，不是談愛情、美容瘦身，就是談婆婆丈夫或孩子。但是，一群男人在一起，千篇一律的，不是談股市、政治，就是談創業、投資。難怪，女人比較喜愛花錢消費、較缺乏理財觀念，在世界富豪的排行榜上，有錢的女人確實也佔少數。

不過，隨著M型社會的來臨，將來，有錢的人會越來越有錢，而窮困的人，則是越來越窮困，中產階級即將消失，社會將會越來越兩極化。所以，最近社會大眾不約而同的都注意起理財新聞來了！連綜藝節目裡都開始談怎麼樣理財。因爲，我們都心知肚明：光靠每天勤勞的工作賺死薪水，就妄想這輩子能致富，恐怕是還差得遠呢！這本書寫到今天的時候，根據一個國外的調查研究，台灣投入理財投資的人口比例，已經高升到世界排名第二名了！這個訊息告訴我們，大家都越來越有理財儲蓄的意識和觀念，但是理財選擇那麼多，能賺到錢的又有多少？不要因爲外行而讓財越理越少！所以人人都需要正確的、成功的理財專家給你們建議，這也是我希望把我的經驗寫出來分享給你們的主要原因！現在這個時代，不管是男人女人，都不能說我不想理財、我不會理財了！

但是，你心中一定會開始產生疑問：我根本就是一個窮上班族、根本沒有多少錢，要怎麼「理財」呢？事實上，很多人都不知道，理財很重要，有錢的人要理財、沒錢的人更要理財！

我弟弟就是一個標準案例。他是一個窮上班族，一個月二萬多元的薪水，每個月都是「月光族」，賺的都還不太夠他花的。工作十幾年下來，存款少的可憐，勉強湊一湊也只有區區三十萬，連想要娶一個越南新娘，都還被對方嫌聘金不夠咧！在這樣的情況下，我仍然鼓勵他積極投入「理財」的行列，教導他如何將手上僅有的三十萬元，藉由投資房地產來增值。弟弟很努力的學習，不到半年的時間，他就賺到了人生的第一桶金一百萬元！現在，他已經是一個小有積蓄、有房子、有車子、有「錢途」的青年啦！

你覺得不可思議嗎？你以爲投資投地產一定要有豐厚的資金嗎？沒錢的人連間廁所都買不起了、何況是整棟房子？你還是認爲投資房地產的都是大亨、有錢人嗎？如果你一直被這些錯誤的想法誤導，那你就眞正錯失了有機會以小搏大、買到自己第一間黃金屋的機會了！

你想知道，三十萬元要怎麼樣買房地產嗎？請你耐心的讀下去，淳淳會將教導弟弟如何賺到第一桶金的方法與故事，慢慢與你分享！

想要踏出理財的第一步，首先，你要先問問自己：**你是否真的有打算擺脫貧窮的決心**？

在這個世界上，到處都有很多創造財富的方法以及工具，環繞在你的周遭，甚至財神爺可能都已經來到你面前了，但是如果你不去努力的發現並爭取這些機會，財富就會與你擦身而過。我們小時候都聽過一個故事，就是有一個人拼命的燒香求財，後來天神感動了，告訴他三年內一定會讓他發財。

不料，三年過去了，他卻依然一貧如洗，他抱怨天神欺騙他，結果天神嘆一口氣說：「我埋了一袋金子在你的後院裡，如果你勤勞一點去除草墾地，就會發現那袋金子。拿那些金子去做點小生意，我一定會讓你生意興隆、你就會賺到更多的金子。你只要努力賺錢，三年下來，你就會成爲你們這個城裡最有錢的人。可是，你卻每天都在家裡睡覺，後院都雜草叢生了，你卻連掃都不願意去掃一下，也始終沒發現我給你的那袋金子。所以，你只好繼續貧窮下去吧！」

你是否跟故事裡這個對「機會」完全視而不見、一心只是被動的等著財富從天而降的人有一樣的心態？如果你曾經是的話，你就要趕快振作起來、動動腦筋、觀察你周圍，相信我，可以獲得財富的機會就充斥在你的四周！

有些人欠債上億，但還是可以谷底翻身；有些人欠債幾萬塊，就帶著孩子燒炭自殺。這其中的差異完全取決於：欠債上億的人，他擁有再次創造財富的能力並且懂得創造財富的方法。因此，理財成功的關鍵，絕對不是你現在擁有多少錢，而是你是否有正確的理財概念與方法，而讓你「未來」能擁有那些財富，否則那麼多中樂透的億萬得主，最終爲什麼會破產：因爲「有運沒腦」錢還是留不住。

那麼，接下來，我們就要來談談理財的幾個概念。

觀念一——守財不等於理財

我們上一輩的老人家，多半都很會存錢。不過，存錢並不等於理財。我小的時候曾經聽爸爸說過，當年，我爺爺從大陸逃難來台時帶了不少的錢財，包括方便隨時兌換糧食的黃金，還有吹一口氣放在耳邊會嗡嗡作響的龍銀。

那種龍銀，爺爺一直當寶貝似的放在床底，據說，老家現在床底下還有一箱咧！不過，就理財的觀念來說，老一輩的這種存錢觀念，其實是不正確的。我想大部分的人家都沒有那種把錢放進去，就會一直生錢出來的「聚寶盆」，所以錢光是放著根本不會變多；而且相對的，隨著物價的上漲和通貨膨脹，幣值可是會越貶越低的，這也就是我們所謂的「錢越來越不値錢」的意思！比方說，我小時候，一碗麵要一塊錢，現在已經是四、五十塊一碗了！大家就可以想見物價上漲的幅度。因此，如果謹守著手上的現金，你將永遠跟不上物價的漲幅，就會變的越來越窮。

我們大家應該都看過新聞報導，老婦人把紙鈔放在餅乾盒裡藏在床下，結果發霉爛掉，一輩子積蓄化爲烏有的故事。就算是進步一點，把錢存在銀行，雖然可能安全省事，但利息有限、非常划不來的！因爲銀行利率一直調降的關係，現在的銀行利率已經非常低，大約年息都不到3％，即使是定存，最高的利率也不高。因此，如果你把辛辛苦苦賺來的錢，省吃儉用之後全都放在銀行生利息，永遠不拿出來使用，只是每年滿足的看著銀行的存款數字緩慢爬升的話，就好像是飛機時代早已來臨，你還在坐牛車代步一樣，顯然是非常落伍的理財觀了！

因此，怎麼樣把辛苦存下的現金做適當的處理，讓它除了能夠隨著物價上漲而保值，甚至越變越多，這才是我們要學會的理財目標！如果你的個性不適合投入股市等漲跌變動較大的投資模式、每日跟著心情上下起伏，那我會建議你用我爸爸的妙方：將銀行的存款轉買黃金存摺！爲什麼呢？因爲天然能源像石油、黃金、鑽石等，只會越來越少、越來越値錢，長遠看來，都比貨幣來得有保存價値喔！此外，全球性的基金也値得投資，例如有關能源及未來科技、醫藥醫學、全球精品，不動產基金也是我投資基金的方向。

觀念二——花錢不等於浪費

除了不知變通的守財奴之外，另外，還有一種「月光族」，也是注定要貧窮的！這種人就像我當年一樣的心態，反正存了錢也不知道要做什麼，乾脆每個月買衣、買鞋，花個精光，然後每個月都從零開始。甚至有些人，根本連賺進來的都還花不夠，於是去借錢來花，欠下滿身的債務！這樣，當然不是一個正確的理財態度！

事實上，「花錢」，也是有一番學問的。厲害的人，很會花錢，但是他卻可以花越多也賺越多！這是怎麼一回事呢？重點就在於，會理財的人，買東西也是可以賺錢的呢，問題是看你把錢花到哪裡去了。

我又要回頭來說說我爺爺的故事了！爸爸說，爺爺臨終的時候將財產分成三份，分給我父親和二個叔叔。我爸爸用錢買了一條漁船，取名「榮寶號」，作爲他的生財工具，他的選擇，是當一個踏實的走船人。站在經商的角度來看，爸爸的漁貨和海鮮的「供應商」——大海，是不會來跟他收費的，因此，他最大的成本就是技術、體力和那艘船。以本益比來看，這是利潤很大的一門生意。而我們一家，也就靠著爸爸的這艘漁船，從小就不愁吃穿。我的大叔叔則選擇買了一個巨大的果園，栽種我從小就吃到怕的芭樂、蓮霧，也成爲一個務實的果農。只有小叔叔，把爺爺的錢拿去吃喝玩樂，花的精光，從此以後，再也沒有臉跟大家聯絡。

你看看，不同的花錢方法，是不是就有不同的結果呢？同樣是把爺爺給的錢拿去「買」東西，但是我爸爸跟大叔叔，買的是屬於聚寶盆的生財工具，因此錢花了出去可以再賺更多的回來，妻小因此而生活無虞。但是小叔叔，他將錢花在賺不回來的地方－單純的消費！那是有去無回的。錢拿來買可以賺回來的東西，就叫做「投資」。不管是投資漁船、還是果園、房子或黃金，都屬於有事生產的賺錢工具，因此，得以讓錢滾錢，全家不會喝西北風。而只圖眼前歡樂的人，則終至花光積蓄、一敗塗地。

觀念三──投資的關鍵在於眼光

一講到投資，很多人就會覺得「哇！好難喔，我不懂！」事實上，投資一點也不難。買房子住是一種投資；租店面做生意是一種投資；花錢培養孩子是一種投資；熬夜苦讀是一種投資；花時間談戀愛、找個好老公也是一種投資！我們這一生，經常會做很多種投資。只是，投資的項目不同、下注的籌碼不同、回報的報酬率也不同，最後得到的結果也會不一樣。

但是，不論是何種投資，在投資以前，都一定要做好詳細的觀察和功課，這是不變的道理。要投資孩子學才藝，你一定要先觀察孩子的性向跟能力，孩子才能適才發揮，如果讓籃球巨星姚明從小學大提琴，他也不會變成馬友友；想要嫁一個好老公，一定要事先觀察他是否有好人品，或者是否適合妳？選一個花花公子或是愛吃喝嫖賭的，都可能讓妳後半輩子過得很辛苦。要買一個好房子，那當然也要經過詳細的觀察和蒐集資料，不論是地理位置、交通狀況、房屋結構、周邊設施、居民素質、近是否有好學校、公園、重大建設等等，都要列入考量。

我們常說：「這個人眼光很棒！」事實上，眼光並非是天生的，而是看你是否多花一點心思做功課，或者是比別人多了一點兒觀察。

我媽媽跟我阿姨，都是平凡的家庭主婦，兩人都沒有高深的學歷，也沒有受過什麼理財訓練。三十年前，我媽媽跟我阿姨，手上剛好都存了一點閒錢，大約有三十萬元左右，那時候，兩個人就商量著想各買一間店面作投資。

我媽媽有一群要好的姊妹淘，都住在桃園，因此，我媽媽決定要從基隆搬到桃園，跟她的姊妹淘們住在一起。她決定在桃園買下一棟四層樓的連棟店面，一樓是店面，二、三、四樓是住宅。而同一時間，我阿姨卻選擇買下了台北市西門町的小坪數店面。同樣花了三十萬，我媽媽跟我阿姨選擇了不同的地點。我媽媽是因爲她想要跟好友住在一起，而我阿姨則是因爲她看到很多有錢的貴太太、小姐們，都會到西門町的舶來品精品店去買衣服、買飾品，她認爲這個地方的店面，應該會比較賺錢。

於是，基於一個想法的不同，我媽媽和阿姨當年手上同樣的三十萬元，經過三十年之後，增值的幅度卻相差了千里之遠！如今，我阿姨是坐擁有西門町金店面的富婆，擁有上億的身價！而且，她的金店面，這幾年來不斷有仲介上門，問她說有人希望出高價購買，她賣不賣？她隨時想脫手賣出，都沒有問題。而我們家的賠錢貨連棟店面，卻是個冷門店面，過了三十年，大概只值個五、六百萬，如果將幣值的通貨膨脹算進來，可以說根本沒有什麼增值。而且，就算要脫手賣出，還不見得能賣得掉！

這個例子告訴了我們，投資的心態不同、標的物不同、想法不同，結果就會天差地遠。我媽媽當年的決定不能說錯，不過，因爲只想到能跟朋友住在一起，沒有考量到增值和功能的問題，這項投資只能說是保本而已。而我阿姨則因爲多了一點野心、及細心的觀察，投資的結果則爲她帶來了上百倍的收益！

所謂的觀察，其實就是「資訊蒐集」。不論你要投資哪一類的標的：公司產業、股票證券、期貨黃金、基金保險、房地產，對於投資目標一定要有確切的瞭解。在我的觀念中，不懂的範疇我寧可不碰。而我一旦決定投下資金，一定要對投資標的有完整且全盤的瞭解。因爲，投資一旦選對了標的，可能一夜致富；而選錯了標的，運氣好一點可能不賺不賠，運氣差一點，就可能血本無歸。因此，你的一塊錢能換得幾塊錢回來？十塊？還是一百塊？完全取決於你的投資眼光。而眼光，則來自於你做了多充足的功課。

觀念四——投資一定有風險

我小學的時候，有一次，氣象預報說有中度颱風要襲台。聽到颱風要來，很多船家都把船綁在碼頭上，在家休息。只有我爸和他那些拼命三郎的船員，堅持照常出海去捕魚。沒想到，連續三天大風大雨，我們焦急的在家等待，海上的雷達也不停尋找，但是我爸爸的船卻音訊全無。到了第三天，一個警察來到我們家，他把我媽媽拉到一旁，很小聲的說：「妳要有心理準備，妳先生應該已經遭遇船難身亡了！因爲所有的雷達都找不到船的蹤跡。」

當時的我，還不太懂得生離死別，只看到媽媽哭的很厲害。第二天一早，我家客廳搬來一個空的棺材。通常喪生於海上的漁夫，因爲尋不回遺體，都會以空棺入殮，是這個行業的習俗。而且，因爲爸爸手下的那些船員，大多也住在我們家附近，因此，整條街上家家戶戶前面都抬來了空棺，老幼婦孺哀嚎成一片，我這輩子沒看過這麼多的棺材，只覺得場面非常壯觀！沒想到，就在大家哭的死去活來的時候，我爸爸突然間活生生的出現了！他興奮的大叫大嚷著跑進家門，對著我們大喊：「我發財

了！我發財了！」

原來，我爸爸這次出海捕魚，因爲碰到了颱風，所以捕到了許多珍貴、不易捕獲的魚貨！他帶著珍奇的魚貨一去魚市，立刻造成瘋狂搶購，賣到了前所未有的好價錢！因此，他興高采烈的帶著滿滿的荷包回家，完全沒有想到在家等候的家人爲他擔驚受怕、連棺材都準備好了！當場，所有的鄰居，包括很多長輩，都氣急敗壞的大聲臭罵他。我從來沒有看過我那一向頤指氣使、眾人皆怕的爸爸，被罵到像豬頭一樣。他滿臉尷尬，帶著幾許歉意，卻又忍不住摸著飽飽的錢袋，笑滋滋的低著頭，小聲的抗議：**「如果錢這麼好賺，風平浪靜就有了，我也不想要冒險啊！可是，真正的銀子，就是得在暴風雨中才賺得到嘛！」**

追求高報酬，一定要承擔高風險，這是賺錢不變的定律。但是，如果因爲怕風險，而完全放棄理財，我想，這也太過可惜了！「要錢不要命」固然不對，但是所謂「富貴險中求」，想要捕到不易見的海鮮極品，畢竟得冒一番風雨，這恐怕也是是不變的道理。

從此以後，我爸爸多了一個外號，叫做「要錢不要命」！

事實上，我父親的確說了一句投資理財的關鍵話，那就是：想賺大錢，一定得承擔風險。所以，我絕對不會告訴你，世界上有穩賺不賠的錢。因此，**你可以選擇你能承受的風險，去選擇適合你個性的理財**。如果，你是經濟負擔較大、手邊餘錢不多、禁不起賠大錢的人，不妨選擇風險較少、保值度高的投資標的；相反的，如果你單身、手邊有閒錢、沒有經濟負擔，年紀還輕也禁得起風險，那麼，不妨選擇風險高、獲利大的投資標的。

在這裡有一個投資比例建議表，讀者可以自己參考一下：

我建議你以年齡來選擇投資的百分比，你可以用一百減去年齡所得的數字，當作你投資的比例。例如三十歲的人，100-30=70，你可以將手上百分之七十的資金，勇敢的拿出來投資，因爲你年輕有本錢，跌倒了再爬起來，您的青山都在，還怕沒柴燒嗎？

但年齡六十歲的人應是計畫退休安養天年的階段，100-60=40，六十歲的長輩只需投資百分之四十就好，萬一投資失利，至少還有百分之六十的老本保住，雖然肉痛但不致於傷本。

投資年齡（歲）	投資比例
20 ～ 25 歲	80% ～ 75%
26 ～ 30 歲	74% ～ 70%
31 ～ 35 歲	69% ～ 65%
36 ～ 40 歲	64% ～ 60%
41 ～ 45 歲	59% ～ 55%
46 ～ 50 歲	54% ～ 50%
51 ～ 55 歲	49% ～ 45%
56 ～ 60 歲	44% ～ 40%
61 ～ 65 歲	39% ～ 35%
66 ～ 70 歲	34% ～ 30%
71 ～ 80 歲	29% ～ 25%
81 歲以上	25% ～ 10%

※ 投資比例僅供，參考可以視個人性別、需求、婚姻狀況、家庭財務，適度增減。

Chapter 06

我一個外行老百姓走上房地產投資的機緣和功課

投資致富，就是花四毛錢去買價值一塊錢的東西。——股神巴菲特

為什麼決定投資房地產？

因爲一個誤打誤撞的機緣，我開始經營塑身商品的公司之後，我就拼命的學看財經雜誌、注意主計處每年所公布的「國民消費指數」，以瞭解民眾的消費習慣，計畫我的商品行銷。這幾年，因爲景氣持續的低落、加上政治環境的不穩定，大部分的老百姓都賺不到錢，以致人民的消費意願一直處於持續低落的狀態。因此，我認爲，除了好好的經營公司之外，我必須要把公司資本之外的盈餘資金，另做一番投資，才不會讓景氣影響了公司收益和員工的紅利。

但是，我究竟該投資什麼才好呢？

自從我把公司產品推往電視購物而獲利好幾千萬之後，我一直在思考要如何才能活用公司裡這些暫時動用不到的現金，繼續幫公司賺錢，而不讓賺錢的速度停下來呢？依著我父親的話，錢是應該要一直、一直滾動的。但是，我不懂股市，因爲不夠瞭解，再加上我前面提到在年輕的時候，曾經因爲同學的建議把一百萬投資在香港的某家未上市皮鞋公司股票上，結果血本無歸。從那時開始，我就對股票敬謝不敏，再也沒有碰過。大家還記得股市聞人黃任中跟翁大銘嗎？「股市大戶」最後變成「欠稅大戶」，晚年不快樂的上天堂，這可不是我所想要的！

有一次，我到林口去視察我們公司的倉庫。我在檢視倉庫的時候，突然間想到了一件事，讓我心裡下了一個決定。我看著倉庫中將近七百萬的貨物庫存，想著：這些商品如果今年賣不出去，明年可能就會更賣不掉，而其中大多是因爲品牌形象的關係以致於寧可直接銷毀，也不能降價求售的！況且，產品不禁久放，不論是什麼產品，經過時間的催化、市場的淘汰，幾乎都會壞掉、發霉，或是損毀。而且，東西置放於倉庫，每個月我還要付出二十萬元的倉租。我心裡一直在想：有什麼東西，是不會有庫存壓力的商品、放久了也不會壞掉、還能一直增值的？我想了許久，看看自己當下所處的倉庫四周，腦中突然中靈光一閃：**倉庫＝房子＝房地產**，答案不就在眼前嘛！

記得曾看過一篇研究報告說，世界上每隔約十年，財富會重新洗牌一次。意思也就是這個世界上所擁有的房產、公司、現金、股票，每十年，就會流到不同人的手上。但是，公司會倒閉、股票會變成壁紙、名牌會褪流行，唯有房地產，卻是屹立不搖的。因爲，除非不可抗拒之天災人禍，否則土地、房子，總是會存在、它是不會憑空消失的。

你應該也聽過別人談論所謂的「田僑仔」。聽說，如果你在台北市的精華區，看到那種騎著腳踏車、穿著破拖鞋、一身邋遢、而且每天無所事事，卻根本不缺錢的人；或者，喜歡在高級地段上、把黃金般珍貴的土地拿來種菜的那種老阿伯，就是人們口中的「田僑仔」。不管你羨不羨慕他們，擁有房地產、土地，是多麼正當而穩健的資產啊！房地產，是一種會隨著歲月而增值的投資工具，像是國泰、潤泰、元大、宏盛集團，他們累計財富的方法，除了事業上的專業，絕大部分也是來自於房地產。我們未必能像他們一樣的坐擁大片土地、房產，但是，只要選對了房地產投資標的，你也可以讓自己的生活過得更有品質、更有保障。

恰好，這幾年又正逢到房地產景氣復甦的時刻，台灣各地的房地產都在飆漲，因此，我決定把我私人和公司的錢，大約八千萬元左右，投入房地產市場。接下來，我就要開始和你分享，這兩年來，

我如何從一個完全的外行投資人，進入買賣房地產的世界。

開始看房子　雙腳走出來的ＥＭＢＡ

其實我本來就對房地產很有興趣。從小看父執輩的親朋好友，擁有自己房子的人，大概都能安享晚年，沒有後顧之憂；沒有房地產的人，則多半貧困潦倒。後來進入演藝圈，我曾經到陳美鳳、周丹薇的家練舞，看到她們的房子美輪美奐，我心中就很欽佩，暗自希望自己也能夠跟他們一樣，擁有一個漂亮舒適的家。

所以，從我還是打工族、買不起房子的時候，我就很喜歡看房子。對我而言，看房子不但是一種樂趣，也是一種很好的塑身運動。每當我走過仲介公司的門口，我都會忍不住駐足看看貼在櫥窗上面的ＣＡＳＥ，看看哪一區的房子大概價值多少？瞭解一下當區的行情，順便也欣賞一下屋內裝潢的照片。如果看到讓我心動、價格也公道的房子，我也會走進去詢問仲介人員，請他帶我去實地看屋。

看久了，心中有了比較，我大概也能知道房子之所以貴或者是便宜的原因，以及房子的優缺點。同時，因爲跟仲介打交道的時間多了，我也漸漸注意到，每一家仲介公司的素質都不一樣，有品牌的仲介公司服務項目比較多，也比較值得信賴，每一個仲介人員的習慣跟個性也不一樣。而房地產是否景氣，大則從全球房地產趨勢變化、小則仲介公司店裡的氣氛都可以看得出來！最近的房地產是否買氣很旺？客人是不是很多？國民所得是否提高？如果是的話，別懷疑，現在正是房地產起飛的時刻！

有房地產的仲介朋友說，他覺得我已經是「用雙腳走出來的ＥＭＢＡ」。怎麼說呢，在這一年來投資房地產的過程中，我足足看了近一千間的房子。有大同、木柵區中損毀如同廢墟一般的房子；也有蓋的像是城堡、媲美杜拜「帆船飯店」的豪宅；有四坪大的房間裡住了六個人的擁擠小套房，也有光是主臥室就超過四十坪的透天厝。

我還記得第一次看屋時的情形：當時，我找了某知名房屋公司信義分店裡、連續七年業績排名第一名的一位女仲介。因爲看到她有一整櫃的業績獎牌的輝煌成績，所以我決定找她來當我的開路先鋒，帶我去看房子。我第一次看的房子，是安和路「日光大樓」的頂樓加蓋。這個房子地段極佳，視野也很好，我一開始很喜歡，再加上口才極佳的女仲介極力推薦，我差一點就下了訂金。幸好，隔天我剛好又經過了另外一家仲介公司，我進去順口問了一下，沒想到另外一位仲介很坦率的告訴我：「這間房子的座向不好，是向西的，夏天西曬嚴重，很熱。而且，妳看他的對面，剛好有一棟大樓斜對著他，這就叫做『壁刀』，在風水上是帶煞的。而且，這棟是住商混合的大樓，如果妳是要找純住家的話，會比較複雜。」

我聽完之後立刻上到一課，那就是：**想要瞭解一個房子的缺點，只要去請教同一區敵對的仲介人員，就可以打聽出一些問題來了**！後來，我經常用這個技巧去探聽我想要購買的房子有沒有漏水？是不是凶宅？有沒有產權問題？等等。通常，都收穫良多喔！這讓我少繳了許多「學費」，避免買到不好的房子。

還有一次，仲介帶我去看一個巷子裡的公寓。仲介帶我從巷頭走進去，我一看，不錯啊！有「7-11」、也有咖啡廳、商店，看起來乾乾淨淨、挺繁華的，再聽到房子的價錢，我立刻心動了。沒想到，第二天，我自己想要再去看一看房子的時候，因爲找錯路，改由巷尾走進去。才看了一眼，我馬上就打了退堂鼓：原來，這條巷子的巷尾，有好幾個「釘子戶」，也就是「賴住」在空屋裡的居

民，靠著撿拾破爛爲生，因此巷尾的垃圾堆積如山，發出陣陣惡臭。我恍然大悟，這幾個惡鄰，就是這間房子之所以異常低價的原因！當下，我又學到了一課：**巷子有兩頭，仲介帶你去看的，往往是美好的那一頭，因此，要瞭解一間房子的環境，絕對不能只由仲介指引的那一面去看。**

另外又有一次，我去看了一間復興北路的房子。我去看的時候，正好是下午休息時間，所以感覺環境十分清幽、安靜，我很喜歡。不料，隔天我正好有事經過，赫然發現這間房子的樓下是一間餐廳，餐廳生意非常好，人聲鼎沸不說，廚房裡鍋碗瓢盆碰碰作響，再加上炒菜時的煙霧瀰漫，服務生吆喝聲此起彼落，樓上的住家想必很難有一個安靜的空間！這次的經驗讓我知道，看房子絕對不能只看一次，最好在不同的時間、不同的天氣，多看幾次。畢竟，房屋價格不是一個小數目，要投資之前，絕對要謹慎、耐心，不要怕麻煩！

在購買房子的過程當中，好的業務員會知無不言，但是多半的業務員爲了達到業績，通常都會避重就輕，因此，我後來學會，仲介的話只信三分，最好要自己實際體驗。例如有一次，我到汐止某一個知名社區去看房子，因爲社區非常大，仲介告訴我社區裡有社區巴士，非常方便。於是，我就眞的在社區裡等巴士，看看到底巴士班車多不多？結果一等之下，我就放棄了那間條件看來相當不錯的別墅，因爲我足足等了一個小時，都沒有等到一班巴士！

在買賣房子的過程當中，因爲怕被騙，我覺得「自己要懂」很重要，所以我去報名了「不動產營業員訓練課程」。課程總共三天，學費三千元，只要去仲介公司報名，人人都可以參加。不過，上完課後，我還是一知半解，所以我乾脆自掏腰包，找了一位有代書執照的店經理，以每小時二千元的學費，請他當我的家教，教會我麼看房屋所有權狀、銀行設定、房屋建物、及土地謄本等等相關資料

（見書後附圖）。我也學會了什麼是「土地分區」，知道什麼是房子的「容積率」、「建蔽率」。於是我知道，土地大致上分成「住宅區」、「商業區」跟「工業區」、「農地」、「林地」、「旱地」。其中住宅區的土地又分成「住一」、「住二」、「住三」、「住四」，商業用地又分成「商一」、「商二」、「商三」、「商四」等等。

土地的分類，重點在於土地的價值、能夠建築多少的面積。例如：「住三」的容積率是225%，也就是說一坪的土地可以蓋2.25坪，「商四」容積率是800%，一坪的土地就可以蓋八坪的房子。所以大家就知道啦！商業用的土地比較値錢，因爲可以蓋更多的使用區域，並且可以營業。

當然啦！買房地產免不了要跟銀行打交道。在銀行貸款方面，我去請教了三家不同銀行的襄理跟經理，問他們如何安全、適當的運用財物槓桿的原理，用最少的現金，買下最多的房子。現在，大銀行裡有安排了許多的理財專員，可以提供理財或貸款諮詢的服務，只要事先排定時間，他們多半都願意很詳細的教導你。銀行的朋友告訴我，在投資的時候，爲了節稅、以及爭取核發較高的貸款成數，**最好不要只用自己的名字買房地產**。可以用兄弟姊妹或是你信賴的人士，在釐清對方的信用、財務狀況之後，以合夥或是共同投資的方式，一起投資。

因爲如果你同時間貸款買好幾間的房子，銀行看到你的個人貸款過多，爲了避免風險，銀行很可能不願意貸款給你，或是拒絕讓你只償還利息，而要求你本利攤還，這就是所謂的「個人負債比例」過高。但是如果是以共同投資的方式去購買房地產，就可以避免這個問題，同時也可以分擔投資的風險。

在投資過程中，我也曾經去參觀過台北最貴的兩棟豪宅「帝寶」跟「勤美樸眞」。看了他們豪華外觀、內在，我一度非常心動。但是一想到高達35%的公設之後，我最後還是決定放棄。因爲回家算

一算，我要花將近四千萬元購買公共設施，仔細考慮過後，最後我還是選擇把錢投資在房子的實際坪數，比較務實。當然，買下這些豪宅的成功人士，他們買得起、也有需要，如果有一天我們也能夠成爲億萬富翁，那就另當別論了！

還有一次，我去看了一間忠孝SOGO跟微風廣場中間的一棟住商混合大樓，它是一間外觀很特殊的圓形建築。我第一次去看的時候，仲介人員告訴我，它一坪只要不到28萬的價錢就可以買到，我一聽樂不可支，在車上就開好支票了！但我運氣很好，正要進去時，恰巧遇到了一個熟識的仲介。他說：「淳淳姐，你要看這棟房子嗎？」我點點頭。他沒說什麼就走了。隨後，我立刻收到了他傳來的一通簡訊：「這棟房子是『東區毒瘤』，投資、自住皆不宜，千萬不可買！」我嚇了一跳，趕快把支票收起來。後來，我才知道，這棟大樓充斥著鶯鶯燕燕、還有很多靈異傳說，還好，有仲介好友提醒，讓我又上了一課！在看屋這段時間中，我「廣結善緣」、「廣交人脈」的認識了很多仲介好友，對於幫我賺錢的他們，我從不小氣，也不爲難他們，而他們也通常都會在我需要幫忙時，發揮功效。這就是我在自序裡面提到的：人脈絕對不可少，如果你想減少吃虧上當的機率，一定要〝耳聽目明〞，盡量讓自己消息靈通一點。

手中曾經擁有過一〇〇間房地產

一年多來的投資房地產的經驗，讓我慢慢的琢磨出「化腐朽爲神奇」的智慧。比方說，當我看到一個東區堆滿了泥沙垃圾的地下室時，我就立刻聯想到東區「神旺飯店」後面、如雨後春筍般出現的地下停車場。東區因爲停車位一位難求，逛街或是談生意、吃飯的人都有停車需求，於是許多一樓的住戶乾脆把自己的地下車庫改成停車場來經營，生意好到不行！但是，那些地下停車場的問題就是因爲空間不夠，所以坡度極陡，常被人詬病，不但停車很費時、有難度，高一點的車子就沒有辦法通過出入口。因此，我立刻想到，我也可以將這個地下室清潔整理之後，改成一個地下停車場，只要多做一個平面升降機，就可以解決坡面過陡的問題！這就好像一個賣陽春麵的小店面，裝潢一下變成日本料理店，店面租金馬上就可以翻漲一倍之多！

就這樣，經過一年的買進賣出之後，**算一算，我手中總共曾經擁有過一〇〇間房地產**！包括五個店面、一座停車場、一棟透天厝、二間預售屋樓中樓、一層辦公室，和九十幾間一般住家等。這些房地產的增值和獲利都比許多投資利潤大而且穩健，讓我賺了一倍多的獲利！我的八千萬，在短短一年之間，就變成了一億八千萬！

這些投資房地產的竅門，都是我這一年多來，一步一腳印學會的！接下來，我就要把這些投資房地產的技巧跟方法，整理分類，一條一條的與讀者大眾分享！希望你跟我一樣，可以買到值錢又賺錢的好房子！

你要先盡量做好這些功課：

1．上網詢價、找資料、瞭解區域行情。
2．看房地產書籍、瞭解買賣過程。
3．學習看買賣合約、房屋及土地所有權狀、土地及建物謄本等書面資料。
4．瞭解裝潢行情跟流行趨勢、建立自己的房地產買賣班底：裝潢師、建築師、律師、代書。
5．詢問銀行利率、貸款成數及貸款年限等相關事宜。

6．結交仲介好友、蒐集房地產情報。

7．迴避不良仲介、透悉仲介伎倆。

8．實際看屋、親自體驗房地產優劣。

9．把貧民窟雕塑成黃金屋——改造或創造房屋價值。

10．多聽、多看、瞭解成功與失敗的案例。

買房子是一種消費行爲，也是一種投資致富的管道。觀察一下周邊的人，他或許就是你的叔叔、阿姨、鄰居或是父母親。許多人在無心插柳的狀況下買了房子，房子住久了、孩子長大了，新台幣卻縮小了。這時，除了鑽石、黃金、石油與能源外，最值錢的就是房子了！

投資致富不需要鑽牛角尖，就像你想買房子自己住、或是留給孩子住一樣的自然。很多時候，我們把投資想得太過複雜，好像非得要去觸碰你所無法瞭解的、黑幕重重的、由大盤操控的那一塊，才叫做「投資」。事實上，投資無所不在，小老百姓有小老百姓的方法；有錢人有有錢人的管道，只要用你的眼睛、用你的敏銳，用你看得到、聽得到的方法去進行，想要投資獲利，絕非你想像中的那樣難！像股神巴菲特喜歡喝可口可樂、年輕人也都喜歡喝，因此他就投資可樂啊！這個商品只要一直受到民眾歡迎，可樂公司就會一直賺錢，股票當然就會漲，也當然值得投資啊，道理就是這麼簡單。

我結婚以前，是標準的無殼蝸牛，租屋、搬家的次數多達一〇〇多次！最慘的一次，是跟著搬家公司以及我的室友，都已經把家當卸在新租的房子門口了，沒想到，卻因爲房東貪圖別人一個月多付二〇〇〇元的租金而毀約、不租給我們了！於是就在大雨之中，硬生生的把我們給趕了出來，我跟室友兩人坐在雨中，分不清臉上的是雨水還是淚水，眞是慘到最高點！

事實上，後來回頭想一想，在四十歲之前，難道我沒有機會購買房地產嗎？答案當然是：錯！我二十幾歲時，曾經有一次房東問我：「我們全家要移民，這個房子我賣你一坪、八萬塊，房子總共二十坪、只要一六〇萬，妳要不要？」當時，我立刻婉拒了她。年輕的我心想：「怎麼可能？一坪八萬塊的房子，我怎麼可能買得起？」但事實上，現在回想起來，當時的我只要準備大約四十餘萬的頭期款，就可以把那間房子買下了來了！你知道嗎？現在那個路段的房價，一坪已經漲到四十五萬了，足足漲了五倍多！

十幾年中，一坪八萬的房子變成一坪四十五萬，一坪整整漲了三十七萬！每次經過那裡，我都悔不當初！但俗話說的好：「千金難買早知道！」你現在住的房子將來一定會比現在更貴！道理很簡單，因為地球資源有限、土地更是隨著經濟發展、通貨膨脹、過度使用，以後土地和房子只會越來越不夠用、越值錢，現在不買，你將永遠都在說：「我眞後悔當初沒有買下它！」這就是我希望你趕快下手去買有潛力、會增值的房地產，而不是在原地一直怨嘆現在房子很貴的原因。

投資房地產好處多多　除了致富還可以節稅

你知道嗎？很多的獲利像是個人所得、營業獲利，都必須要繳稅。但是，投資房地產，在目前的稅制下，往往卻可以合法的節稅。

小老百姓怕繳稅，大富翁更怕繳稅。大家看過新聞都知道，做了很多好事的慈善家「英業達」老闆溫世仁，因為猝死來不及在過世前安排好遺產的事，而被課了六十億的遺產稅。可見得，「節稅」在個人理財投資上面，是多麼重要的一件事。先不要以為，反正我沒多少錢，「遺產稅」不關我的事。事實上，每個人都有上天堂的一天，每個人也都有投資致富的機會。你怎麼知道自己沒有這一天呢？而且，不僅是有錢人買房子可以節稅喔，平凡人買房子也是可以節稅的！

有一位大企業家，在生過一場大病之後，自覺時間不多了，於是決定以購買豪宅的方式，多留一點錢給所愛的人。怎麼說呢？原來，這位大老闆在把所有公司企業、員工都安頓好之後，結算身上現金，大約還有四億元左右。如果他過世了，四億元現金扣除免稅額後，大概還要繳交一億九千萬的遺產稅金給國庫。但是，如果把四億元現金拿去購買一間價值四億元的透天別墅的話，因爲政府的土地公告現值一般來說都比市價來的低，因此以公告現值計算之後，再以合法稅率計算下來，四億元的房子就變成不到一億元的資產。換算下來，眞是省下一大筆的遺產稅。

這樣，你就明白，爲什麼買房子跟買保險一樣可以合法節稅了吧？而且，將來也可以藉由房地產的增值，讓財產保值，保障下一代。

另外，你不能不知道的是，買房子、辦貸款，可以享有一年房貸利息三十萬的「免稅扣除額」。在申報所得稅時，只要跟銀行索取利息證明即可以申報。萬一賣房子賠錢，你也可以申報「扣除損失額」，只要將當初購買的證明、代書規費、裝潢、搬家各項證明單據都提報出來就可以了。因此，記得喔！在裝潢新屋時，記得要請裝潢師傅開立發票給你當作證明，如果對方不願意，你可以告訴他你願意負擔發票稅金喔。

另外，賣房子也是可以退稅的喔！就是所謂的「重購退稅」。通常買賣房子繳交的稅金中，金額較大的就是「土地增值稅」了。你一定要知道的是，在二年內不論是先買房子、再賣房子，或是先賣房子、再買房子，只要買進房子的土地公告現值「大於或等於」賣出房子的土地公告現值，這時，你繳交的「一般」或「自用」的土地增值稅，都可以追回或免繳。這是政府鼓勵買賣，促進土地交流，正大光明的節稅喔！

但要注意的是，買進的房子必須要是「自用住宅」，並且在接下來的五年內，不得出租、營業或賣出喔！否則土地增值稅是要追繳回國庫的！

淳淳的過來人叮嚀：

現在自用住宅用地土地增值稅優惠稅率，在土地稅法第三十四條規定，以「一生一次」爲限，但最近由於政府有意放寬，到時會是一生三屋，還是一生三次，對房市有一定的影響與改變。一生一次享有自用住宅用地土地增值稅按10%課徵的優惠，其實只要在都市區域九十坪、非都市區域二百一十一坪的面積以內，並沒有一次僅能一屋的限制，例如位於台北市中正區、大安區兩處不同地段的房子爲例，如果本人、配偶、直系親屬等人分別設籍，而且出售前一年沒有出租或做營業使用，出售時同時立契、同時申報，且二處房產的土地面積合計沒超過九十坪，土地增值稅均可按10%繳納。這項法案目前還沒有正式修法立案，在我完成這本書前，還是以舊法爲依據，日後你要多聽多問。

什麼樣的人適合投資房地產？

如果是擔心通貨膨脹讓錢越變越小的人、或是自己有住屋需求的人，就可以以自住兼投資的方式購買房地產。因爲房子買來反正自己要住，因此，不必擔心短時間內的漲跌，或是隨時想脫手的問題。像知名的英文老師徐薇在買屋時的考量，以適合自己生活所需、未來換屋容易、以及保值性佳爲

主，所以也讓她擁有了不少黃金地段的好房子。

而比較保守、怕投資其他產品會貶值的投資人，則適合以中長期持有的方式投資房地產。這類的投資人，可以考慮選擇區域好、租金高的房子爲主要投資目標，以租金養貸款，當個穩當的包租公、包租婆，等待大約二、三年後要開始繳交房貸本利時，再看情況選擇是否要脫手獲利。

至於想要擁有短期高獲利、且自己的資金也經得起高風險的投資人，則適合以短期進出的方式投資房地產。這種投資方式就要下手快、丟錢狠、眼光準，大量開發值得投資的物件，然後短線進出，賺取價差。

房地產好像已經到了高點，還可以買嗎？

你們絕對要相信，房子現在貴，但以後會更貴！現在不努力買，以後就更買不到了！我們的「一代佳人」湯蘭花小姐在二十幾年前，在台北市信義區的「挹翠山莊」買了一棟別墅，當初買進的價格約二千萬。這幾年，她經歷了人生的高低起伏、經商的酸甜苦辣後，終於到了她想退休的年齡。回首一看，演藝圈她曾享有過的大名大利、做直銷的大起大落，現在都已經是過往雲煙。只有最實在的，就是她二十幾年前花了二千萬買入的「挹翠山莊」，現在市價已經高達一億多！是許多人搶著想要入住的豪宅！

印象中台灣的首富是郭台銘。但是，依照排名今年的台灣首富卻易主了！國泰集團的蔡家榮登台灣首富之位。因爲以「富士比」評比的標準，關鍵在於國泰集團擁有大多數台北市具增值空間的土地、商辦大樓及房地產。美國的房地產大亨川普及亞洲首富李嘉誠和台灣富豪蔡萬霖，他們都比我們聰明，也比我們富有，但是他們仍然選擇以房地產的方法累積自己的財富，這不也是我們可以學習和複製的成功經驗法則嗎？

Chapter 07

理財富媽媽的練習題（一）：看房子很重要　光看不買的技術

專注是成功之母……做生意，一般人只會問：有什麼可以做？怎樣才可以做多一點生意？其實做生意最緊要專注。我們要問的是：有什麼是不需要做的？怎樣才可以做少一點？做得愈少，愈專注、力度便愈大，成功的機會便愈高。——黎智英

看完50間以後再買房子

現在，你是不是躍躍欲試，想要立刻就出門去看房子了呢？但是我要請你先收起衝動，跟淳淳一起分享看房子的經驗。首先，請你把所有可以付款的支票、現金、存摺、提款卡、金融卡、信用卡統統都先收起來，因爲在尚未做好功課之前，你的經驗、知識、資料蒐集都還不充沛時，衝動購買的房子，可是會被套牢或是慘賠的喔！

這一兩年來，我把副業主力放在投資房地產上，前前後後大約看過約一千多間以上的房子！算一算，平均十幾間標的物中只有一間是價位適當、值得購買、而未來也具有抗跌性的房子。哇！看到我這麼說，你是不是會有一種「怎麼會這麼少啊！」的感覺呢？而且，你可能會感到十分疑惑：如果值得買的房子比例並不高，那麼我們究竟要怎樣判斷一個房子到底能不能買呢？

我建議你使用一個最笨、但卻最實在的方法。那就是：**規定自己先至少看過二十間至五十間房子之後，再開始購買**！當然，這句話說出去一定會被我的仲介朋友罵到爆！這豈不是給他們找麻煩嗎？但，這卻是我父親教導我非常有效的訓練喔！父親當年給我的標準更高，因爲他知道我是個性衝動的O型牡羊座，因此他規定我要看足二百間房子以後，才能出手購買，這之中不管碰上再好、再心動的

房子，通通都不准買！而我也真的乖乖蒐集了200間房子的資料，這些資料厚得像一本電話簿一樣，至今還放在我的辦公室中留作紀念喔！

爲什麼要看那麼多房子之後再買呢？主要就是要培養你看房子不敗的眼光。剛開始看房子，很容易被美麗的裝潢、炫目的外觀所迷惑，或是一開始很容易誤信仲介的推薦，掉入競價的陷阱。但是當你足足看過至少五十間房子之後，你就會知道房子的各種樣貌，各方面的優缺點，也會對你所喜好的區域房價產生一個全面性的瞭解。而有了這些正確的概念後，你就比較不容易被一些主客觀的外在因素，或是仲介的舌燦蓮花、以及屋主與你不同立場的說法所迷惑。（當然，如果你有認眞而仔細的看完這本書、吸收了我歷盡心血幫你整理下來的買屋重點和致富關鍵，那也相當於你用自己的腳走完了二十間房子的功力！你絕對省了一大半的工！）

11個問題幫你認清自己的「買屋性向」

做完了功課，開始要學如何選擇產品。

01. **你買房子的目的，是打算要出租收租金，當個包租公、包租婆？或是要自己住？或只想賺短期價差？或是想放著賺長期獲利？**

02. **你是打算賺固定的收益、報酬率？或是為了保值？**

03. **你想要買預售屋，還是中古屋？是小套房，還是公寓？是國宅，還是豪宅別墅？是大樓，還是華廈？**

04.如果你夢想買別墅，那你是想買連棟別墅，還是擁有單獨土地產權的真別墅？

所謂「眞別墅」，就是指在土地上你想建什麼建物，只要你同意並合法，就可以自行建造的別墅；而「假別墅」就是所謂的「連棟別墅」，當你要改變房子的結構及造型時，還得隔壁鄰居同意，你才能改建，那就是「假別墅」。這裡我所指的情況是：土地所有權狀只有你一人所擁有，而非你只是與別人共同持分的那種連棟別墅。

05.你要買夾層屋還是樓中樓？你要買一層一戶的稀有住宅，還是一層兩戶的雙併住宅？或是三戶以上的連棟住宅？還是要便宜大碗的國宅，或是大社區的集合住宅？

06.如果你要買的是土地，那你是要買山坡地、工業用地、農地、建築用地，或是所謂的福地、墓地、靈骨塔呢？

07.如果你要買的是店面，那你是要買一樓店面、二樓店面、辦公大樓、百貨商場，還是大馬路旁的黃金店面？

08.你打算在台灣買？香港買？大陸買？還是美國買？

09.你是準備自己買、中人代買、還是找房地產經紀人幫你買？

10.你是希望向一般屋主買、銀行買、法院買還是找資產管理公司買？

11.你打算如何付錢？先付10%、20%，或是30%？貸款要貸幾成？6成、7成、8成或是全貸？甚至是超貸？

這麼多的選擇是否讓你眼花撩亂？其實，選擇產品並不難，除了要看你的資金多寡之外，還要看你的喜好、預期利潤、投資型態、市場趨勢等，一旦設定好了，尋找標的物就會比較有具體的方向，而這些，都是可以事先規劃好的！

剛買房子時，我跟你一樣，什麼都不懂！但是在我看完二百間房子、磨破了一雙球鞋、扭斷兩雙高跟鞋後，我開始慢慢有些概念了！但哪怕我有概念，我也不會認爲自己是個「房地產通」！遇到不懂的地方，我還是會不厭其煩的問仲介，如果碰到個菜鳥仲介，我就去問他的店長。問完店長，當我決定要買或賣時，代書那關我也會再度驗證，畢竟「小心駛得萬年船」。爲什麼要這麼小心呢？我自己手上的房子比一般人要多，其中只要有一兩棟房子我買貴了，其他房子的增值空間就會被壓縮。**在房屋市場上致富的大有人在，但陰溝裡翻船的行家也不少！**港星鍾鎭濤及香港房地產神童羅兆輝，難道他們不比我專業嗎？但是他們後來血本無歸、搞得一身債務，甚至最後宣告破產！這樣的例子屢見不鮮，重點就在於是否仔細評估、並且計算風險。所以，前人教訓是我們的借鏡，大意不得喔！

好囉！在設定好目標，也看過50間房子、做足了功課之後，你是否已經選中了一間自己喜歡的房子了呢？

根據我的買屋經驗及前輩的建議，我設計了一個買房子該注意的表格給讀者參考。有時候，買房子過於謹愼，反而會瞻前顧後買不到好房子；但過於樂觀的忽略了該注意的事項，也會讓你陷入危機。只要你跟著這份表格將每個注意事項都做好評比和勾選，我相信你不必像我一樣，需要看過近百本和房地產相關書籍、歷經上百件買賣房子的經驗，就可以將我所有的智慧經驗一起吸收，不但縮短你買房子付錢學經驗的時間，也避免失敗。

理財富媽媽的練習題：不敗看屋的56個 Check List

一、居住大環境：

是 否

1. □ □ 是純住宅或住辦混合？
2. □ □ 是否有公園綠地？
3. □ □ 是否有山林景觀？
4. □ □ 是否爲人文薈萃之地？

純住宅區通常比較單純，適合自住，或是賣給需要自住的客戶，但如果是住辦混合的話，就要注意房屋登記是否可以變成商業用途？這牽涉到以後是否可以租售給公司行號當作辦公室或是餐廳等營業場所使用，使用用途不同，也會影響到房價的高低，另外，有公園綠地，例如：台北大安森林公園；具有人文或是自然景觀，如：台中美術館周遭、明水路、陽明山，這些都對房價有加分作用？

是 否

5. □ □ 是否附近有明星國小、中學學區？

如果屬於中小學明星學校學區內，更是有助於房價保值或是攀升的票房保證。

《你購買之處是否有下列嫌惡設施狀況？》

是 否

6. □ □ 是否附近有高壓電塔？

7. □□是否為工業區住宅？
8. □□是否周邊有色情行業？
9. □□是否附近有攤販聚集？
10. □□是否附近有寺廟或墳墓？
11. □□是否周邊有噪音或空氣污染源？

以上六項，對於房價都有減分的影響，你務必在早上、傍晚、晚上等不同時段多去觀察，因為時間不同，你可以觀察到不同的環境景象，例如：交通順暢度、居民水準……等。

是　否

12. □□是否位於安靜的純住宅區，且日間走路二分鐘左右，就可獲得食衣　住行相關需求滿足的商圈？
13. □□是否是純住宅區，且夜間走路五分鐘左右，就有可供給食衣住行相關需求滿足的商圈，或是便利商店？
14. □□是否當發生火災、刑案打一一九及一一〇求助，消防車及員警是可在三分鐘內到達？

以上三項的便利性，有助於房價正面影響，是值得觀察的部分。

二、交通動線：

是　否

15. □□是否有公車或捷運線？

16. □□是否爲塞車路段？
17. □□是否靠近高鐵站、火車站、捷運站？
18. □□是否好停車？停車位未飽和
19. □□是否有聯外道路？

四通八達的交通影響房價甚鉅，交通越便利之處，房價一定高，因爲政府已將經費投入這個區域，方便的交通自然會吸引居民進住、商家開設、房價必定上漲，最明顯的例子：像有捷運經過的地區就是因交通便利的利多支撐了房價的上漲。

三、住戶進駐率：

是 否

20. □□是否晚上點燈戶數有五成？
21. □□是否住戶水準優良？

住戶水準通常會影響建築外觀、生活品質、社區管理，以及社區水準，因此也會直接影響房價。如果有名人、藝人爲鄰居，通常也會讓房屋成爲增值地標，對房價有正面影響，像是信義區著名的「新光傑仕堡」，因爲有全天候飯店式服務而聞名，對居民來說等於是有人二十四小時保全及褓姆全天候service。但是，如果有有惡鄰騷擾，或附近有宮廟、神壇，都會降低房價。

四、管理：

是 否

22. □ □ 是否管理委員會組織完善而且健全？
23. □ □ 是否出入口附近有管制人員？
24. □ □ 是否管理費用過高？
25. □ □ 是否管理方式是否符合自己需求？
26. □ □ 是否管委會是名存實亡的吸金組織？

管理委員會對於住宅管理有最直接的影響；管得太多，綁手綁腳、不夠人性。曾有一棟名宅因爲管理委員爲了統一大廈外觀而不准住戶把太低的女兒牆加高，而讓一位董事長住戶在自家陽台澆花時不幸跌落中庭身亡。而如果管得太鬆散又形同虛設，而且你還要按時繳管理費。因此，管委會應該要能夠維持良好居住品質、維護公用設施、保障住戶安全，這樣就可以對房價有正面效益。反之，管委會功能不健全，管理員晚上都在睡覺看電視、無法有效管理社區的話，就會造成房價比相同地區低。

五、公共設施：

是 否

27. □ □ 是否公共設施比例過高？
28. □ □ 是否公共設施使用率過低？維護率不良好？
29. □ □ 是否公共設施距離太遠？

30. □ □ 是否公共設施符合自身需求？
31. □ □ 是否公共設施管理良好，人員進出皆有管制？
32. □ □ 是否公共設施及管理費仍需另外付費？

舊屋通常公設比低，近幾年的新大樓公設比則有增高的趨勢。一般而言，公設高的房子因爲室內使用面積相對減少，因此較不受一般買方歡迎。所以房屋大小除了要看權狀之外，也要注意公設比。公設的維護通常跟管委會與經費有關，因此是否可以使用，或是要另行收費等，都要在購屋簽約前問清楚。

六、屋內格局：

是 否

33. □ □ 是否格局方正？
34. □ □ 是否有閒置浪費的坪數？
35. □ □ 是否室內動線順暢？
36. □ □ 是否因風水問題而需要額外增加裝潢支出？

格居關乎住進去後的舒適感，還有牽涉到裝潢、使用成本等問題，因此通常格局方正較受國人喜愛，多邊角、狹長型的格局通常較不受歡迎，所以議價空間較大。

七、通風採光：

是　否

37. □　□　是否採光良好？並可藉由裝潢改善？
38. □　□　是否爲邊間？
39. □　□　是否座向是東西曬？
40. □　□　是否通風良好？

我很重視房子的採光、通風，因爲這不但會影響房屋的價格，也跟人的健康及心情有關，屋況、採光好的房子通常較不會潮濕、沒有壁癌的問題，因此，採光好的房子通常價位會比較好，而邊間因爲採光多，所以價錢也會更高一點。通常我看一間房子，如果採光不佳，我會依據是否可由裝潢改善來決定購買與否。假設房屋本身是地下室，採光一定不佳；或是房子跟房子之間的棟距太近，陽光無法射入，那就是無法改變的採光問題，我就不會考慮購買。這就是有些大富豪介意「日照權」的緣故。之前大直名宅「輕井澤」建案，在其周邊有另一建案要興建，所有住戶都反彈，因爲侵害到他們的「日照權」，住戶們一度還曾經討論要合資將這塊土地買下，以捍衛「日照權」。如果採光不佳僅只是因爲房屋本身造成，例如舊式建築，窗子都開的很小，像這樣的問題就比較好解決，只要裝潢時把房屋的窗子打大一點就行了！

另外，方向的問題除了風水之外，跟冷暖、通風也會有關係。你的房子如果是屬於夏天房間會西曬的話，就會比較炎熱，冷氣電費支出都會比別人高。內行人喜歡的方位爲坐北朝南，亦即背北，門開向南方，我目前的公司辦公室就是這個座向，它雖然位在頂樓，但從舊的公司遷址到這個座北朝南

的新公司之後，夏天每個月電費就省了近三千元。坐向好的房子，冬暖夏涼，最受歡迎。至於通風的問題，如果看的是空屋，你可以用頭髮或是衛生紙在最不通風的廁所裡面做測試，如果衛生紙或是頭髮會飄動，表示通風良好。

八、樓層、景觀：

是 否

41. □ □ 是否你家爲高樓層？
42. □ □ 是否你家有景觀？
43. □ □ 是否你家爲四樓？

國人覺得四不吉利、而八、九樓是福樓，因此四樓價位通常稍低一點。八樓以上雲梯無法到達，因此切記去看十樓以上的房子時，一定要注意消防設備完不完善。大廈的高樓層愈高愈貴，景觀愈好愈值錢。而且有些人不喜歡被人踩在腳下的感覺，所以有些大老闆習慣非頂樓不住。

九、房屋現況：

是 否

44. □ □ 是否重新粉刷的房子，並在雨天後會滲水或冒水氣？
45. □ □ 是否牆壁有壁癌、龜裂或水泥裂縫？
46. □ □ 是否建物外觀或樓梯間老舊？

47. □ □ 是否樓地板傾斜？
48. □ □ 是否有天然瓦斯？
49. □ □ 是否衛浴設備老舊失修？
50. □ □ 是否有無櫥櫃、裝潢？
51. □ □ 是否電壓足夠？
52. □ □ 是否水壓足夠？
53. □ □ 是否水電有被偷接、盜用？

屋況如果不在購買之前多加留意，買來後很有可能你會發現要花大錢去維修。比如說樓地板平不平，可以用一個口紅、原子筆或小球(如彈珠、高爾夫球)測試，將口紅放在地上，如果它會滾動，地板就有傾斜的問題。樓地板傾斜的房子，裝潢時會很麻煩，需要動大錢，因此也可以拿來作爲殺價的原因之一。一般屋主在售屋前，大多會以油漆、裝潢掩飾牆壁上的滲水痕跡，或龜裂。除了要仔細勘查之外，買屋時也可以要求房屋公司給予保固期限，或是在買賣的合約上加註賣方須負責修復漏水的但書(小叮嚀：現在房屋的漏水保固期約六個月至一年)。

十、附加價值：

是 否

54. □ □ 是否爲民國八十四年以前所建築、既有的頂樓加蓋？
55. □ □ 是否有廣告牆效益？

56. □□是否是「燙金門牌」？

在台北市，民國八十四年之後新建的頂樓加蓋，是「即報即拆」的，但是民國八十四年一月一日之前就蓋好的頂樓加蓋，或是現在認定是違規的外推建物，則是可被政府暫時緩拆的。所以，當你在買房子時，要知道現在台北的夾層屋是不合法的；但到了中南部，有些夾層屋可依各縣市的法令規定不同而有所區分，有的不可合法使用、有的可以合法使用。除了要注意年份外，夾層屋也有可建築面積和禁建的部份，一定要特別留意（詳見本章後文「頂樓加蓋」）。頂樓加蓋是否合法，關乎可以使用的空間及房屋價格。

另外，有些房子的邊牆或是陽台正好面對人潮聚集處，適合設置廣告看板或是霓虹燈招牌，可以出租給商家，收取廣告費用，這也是另一個可資利用的投資，跟房屋出租一樣。這都是影響房屋價格的因素之一。

至於「燙金門牌」，像是一六八號八樓之八啦，或是八八號、五八號、一九八號、五八八號、九九號、八九九號等等，也會讓房價比別人的稍高一些。

買賣房子時，你可以利用這一份表格，詳細記錄你所看過的房子，並在上面打勾做記錄，這樣有助於你淘汰條件不佳的房子，也幫助你選出比較出值得投資、條件優秀的房子。在下手購買時，藉由這一張表，可以有更客觀的依據及參考，很重要喔！別忘了，這張表可是多少專家、在歷經多年買賣經驗後的心血總集喔！

若你能照表選屋，上述表格大部份，對房價有利的條件皆是「是」、房價不利的部分都是「否」的一百分好房子時，那你不快點下手，還等什麼啊？如果是具有70％以上優點的房屋，那麼你就可以衡量，能不能以較低的價格買進，然後花一些小功夫和本錢來修繕那30％的缺點，以提高房屋的身價，或是以這些小缺點來增加你殺價的空間。畢竟，要找一百分的好房子是十分困難的，通常來說只要不是大問題，有七十分以上優點的房子，就值得購買。否則，屋況好、地段好、又便宜的黃金屋，恐怕早就被別人買走了，怎會等到你來慢慢發現呢？

如果，你看的這一間房子，在依表格選屋時，缺點比優點多，約是一間不到五十分的房子，那麼，即使房價再便宜，恐怕也不適合投資。因爲屆時可能會面臨不易脫手的問題，因爲你看得出缺點，別人也看得出來，除非你有把握將缺點通通花錢解決。

當然，最厲害的一種買家就是在看房地產時，能看出別人所看不出的優點、並懂得如何把房子的大小瑕疵修繕、裝飾、重新打理，讓別人眼中的賠錢貨，搖身一變成爲黃金屋，那樣一來，獲利空間就大大提高了，這個部分大家可以參考後面淳淳老師自己在投資房地產時的一些經驗分享喔！

200

Chapter 08

理財富媽媽的練習題（二）：
8種該下手的房子V.S.
10種千萬別碰的房子 投資教戰篇

未來社會將只有富人與窮人、上流階級和平民階級，如果你不下定決心成爲有錢人，很可能就會淪爲窮人。——「富爸爸窮爸爸」作者羅伯特

勾選了前面不敗看屋的五十六個Check List之後，你對你所選定的房子，已經有了一定的瞭解了。接下來我們就要談談，什麼樣的房子，除了符合你的需求、住的舒適之外，還是附有投資價值的！

大部分尋常老百姓對於房地產投資望之卻步的一大門檻：就是誤以為購買房地產手中的錢一定要很多、房屋總價要高的案件才能賺到錢。其實，精準的投資眼光、未來趨勢的預測、資訊蒐集的準確性、懂得運用財富槓桿原理、以及強而有力的心臟，才是投資房地產獲利的關鍵。再說得更簡單一點，即使缺乏大筆資金，也沒有概念和資訊來源，只要掌握幾個小撇步，即使像小員工或一般菜籃族小老百姓，還是可以輕輕鬆鬆從投資房地產而成功致富的！

淳淳接下來就要和你分享：什麼樣的房子是值得投資的房子？重點不在於有多貴，也不一定是要最熱門的豪宅或是大樓！只要掌握以下幾個重點，不論是一百萬還是八千萬的房子，都有獲利的可能！

投資房地產教戰守則——該下手的8種房子

第1種：買低於市價、行情價的房子

這個道理你一定也知道，任何東西的買賣邏輯都是：便宜買、加價賣；低價買、高價賣，這樣一

定可以穩賺不賠！

問題是，我們要怎樣才能知道，一個區域的房價行情，到底應該是多少呢？到底是在高檔還是低點？除了可以詢問當地區域性的房屋仲介、社區管理委員之外，也可以請土地代書幫你估價，或是請銀行替你估價貸款。這樣，就可以知道房屋的行情價大約是多少。如果，屋主賣價比行情價低，那就是下手的好機會了！

通常，會有幾個情況，使得屋主開出比行情價低的售價，第一，當然就是在急需周轉的時候啦！這種狀況最常見，大家永遠要記得，不論何時、不論在哪裡，絕對少不了缺錢的人！所以，不要覺得買到便宜的房子是天方夜譚、或是房子有什麼問題喔！

第二，就是屋主不懂行情。我曾經有一個朋友，她在台北市SOGO新館附近租屋多年，房東是一對住在東部的老夫妻。有一次，房東忽然問她要不要買下她正在租的那間房子？房東說：「一坪二十五萬，一毛不能少。」我的朋友就來問我附近行情，聽完之後她大樂，因為那個地段因為SOGO新館落成，附近新的案子早就一坪七十萬起跳，舊公寓一坪也早已漲到四十萬元以上了！當然，她二話不說，立刻一口答應買下，現賺三百萬！

有時候，買賣房屋時，也會碰到一些地主是南部人，或是旅居海外的華僑，他們對北部行情、台灣房價不是那麼瞭解，但是他們的事業忙碌，時間有限，又沒有時間詳細探查，因此就會產生這種「不懂行情便宜賣」的狀況出現！當然，除了運氣好、碰到屋主不懂行情之外，也有一些人，是有錢到不在乎房價，只在乎「奇檬子」的！

記得有一次，我朋友因緣際會說出想要買房子，正好碰到扶輪社、獅子會的一些熱心的會友，還眞的是有房子惜售！傻傻的他這才發覺這些會友個個大有來頭，他們的房子不但地段好、保値性高，比如說在台北市仁愛路、敦化南路啦，還有土地、別墅，而且通通都是第一手！重要的是，他們的房子是賣人不賣價，要看對眼的人，他們把你當作是兄弟姐妹，才願意賣你！價格反而不是重點了。這些菁英聚會，你有機會一定要參加，不管是對事業、對人脈，都有一定的助益。

第2種：買好區域或是緊鄰好區域的房子

房地產永遠的信條：地段、地段、還是地段！一樣是投資，我絕不選擇次級地段。再說的簡單一點，我不選擇別人看屋時不會出價的房子！

富媽媽箴言：D級地段的A級貨別買

我曾經買過一間萬華西昌街的房子，位在都市更新計畫之內，又便宜到一坪只有十四萬。算一算，附近的行情價至少一坪有個十八萬，這間房子又是三十幾坪可以使用六十坪，很划算，總價才四二〇萬。於是我既沒有讓銀行估價，也沒有貸款，直接用現金買回來。沒想到，轉手想賣出時，卻沒有人出價！我只好轉而想出租，沒想到，仲介還取笑我：「你想租給萬華一條龍？還是華西街一蕊花？」等了一年，終於有一位買家出價了。結果呢？你猜呢？我當然賣啦！就算沒賺錢也要賣！因爲要等下一個買家出價，只怕又要等一年之後了！這間房子，我算是打平賣出，因爲雖然賣的時候一坪多了一萬元，但我花了三十幾萬本錢修繕。這件事也給了我一個教訓，那就是：不好的D級區域就算房子是A級品也千萬別碰！

富媽媽箴言：A級地段D級貨也要買

但是同樣大小的一間房子，在仁愛路四段，每隔個一、二天，房屋仲介就會打電話來問：「張姐，買方說二千五百萬，您考不考慮？價錢還可以再商量。」我僅是將屋主空置十年、屋況不佳的房子花時間、心思整理好，詢問的人就絡繹不絕，最後，這個房子是以三千二百五十萬成交！所以，A級地段的D級屋，還是絕對可以買的！

搶名宅、買地段，價格高是理所當然的。但是市區也有一些灰色、行情模糊的好屋地段也是可以進場的！比如說，「信義之星」大家都知道吧？在信義計畫區裡，行情大約八十－一百萬一坪，歌壇天后張惠妹就買在那裡！我打個比方，假設某天阿妹正在陽台欣賞風景，而對面陽台也有個妹妹，正欣賞著跟阿妹所看到的一模一樣的風景！但是對面的妹妹，可不是個億萬富翁，她怎麼買得起呢？原來，非信義計畫區的松仁路舊電梯華夏，跟阿妹的「信義之星」只差一條馬路而已，可是你知道它一坪多少錢嗎？一坪不過三十多萬而已！

由這個比喻，你就知道緊鄰名宅名人的附近區域，也擁有極佳的升值空間了吧？相隔一條街而已，對面勢必會有很大的漲幅，像是**信義區跟南港中間、信義計畫區周邊、基隆路敦化南路後半段、和平東路三段、北投士林交界、羅斯福路萬隆附近、和平西路一帶等等，都是所謂「A級地段」與「D級地段」之間的灰色地帶**，漲幅空間大不說，又比A級戰區便宜許多！只要評估得當，獲利空間不小！正是我們這種菜籃族小老百姓可以投資得起的房子喔！抄下來了嗎？趕快記清楚，下次去看屋時多留心喔！

第3種：買高投資報酬率的房子

數學不好的人，看到這裡千萬別放棄，不要以爲投資報酬率很難計算，其實年投報率，就是「年租金÷房價＝投資報酬率」。比如說，一個房子五百萬，如果每個月可以租一萬五千元，年投報率就

是「15,000 × 12÷5,000,000=0.036」。這個公式很簡單吧？這間五百萬的房子投報率是3.6%。

假如你花錢裝潢了的話，那裝潢費用也要攤進本金裡。例如，我買了一間瑞安街的稀有的公寓頂樓含加蓋，總價一千五百萬，我花了裝潢費用二百萬，隔成八間大套房，每間租金一萬五。那麼1.5萬×8×12月=144萬，我一年可以收租共一百四十四萬。假設是現金買賣，沒有貸款，我花了房價一千五百萬、裝潢費二百萬，本屋的本金是一千七百萬，所以我年投報率就是：

144萬÷1700萬=0.0847=8.47%

但是其中假設你有貸款，或者是有空房沒有租出去的話，本金的部分就要加上利息，而獲利的部分就要扣除空屋的月份，因此投報率就會向下修正。上面我所舉的這一間瑞安街的房子，是我投資的實際案例，目前仍在出租中。因爲這間房子面對的是十五米的街道，建商一直希望說服屋主能同意改建，到時候蓋起來，可就不只四樓囉！而我的8.47%投報率，可就更增值啦！所以「高投報」的產品，進可攻、退可守，可以鎖定趨勢，看好未來性，大舉進攻！

我自己訂立下了一個簡單的投報率進場準則，那就是：

第1級：黃金區大馬路邊金店面(忠孝東路、復興南路等)投報率4%以上。

第2級：一般大馬路邊投報率6~8%、巷道裡一級店面8%、次級巷道店面10%。

第3級：非單一收租(例如頂樓加蓋十間套房，每個月要辛勤的向十個人收房租)投報率8~18%以上。

因爲黃金區域的店面保值率跟增值率都會比巷弄中的店面來的高，所以雖然在租金的投報率上稍低一點，但是還是可以獲利。因爲，黃金店面未來增值的空間較大，要脫手也非常容易。但是一般區域、或是巷道裡、或是更次級的店面，增值的空間較小、所需時間也比較久，相形之下出租的投報率就要高一些才值得投資。頂樓加蓋或是小套房通常比起黃金店面來說，脫手較爲不易，所以我認爲除非出租的租金要有相當不錯的投報率，才值得投資。

若是一間房子，可以達到我所列的基本投報條件，馬上就可以進場購買。看起來感覺不好找，但是既然要投資，就是要獲利，所以如果沒有這樣的投報率，你我就不該考慮，因爲萬一銀行房貸利息調高了，負擔就重了。

我在剛開始投資房地產時，第一個案件買進（見理財富媽媽實戰演練篇(二)的實戰CASE 1 P.221）就有租金高達16％的高投報率！那是靠近松山區東興路的頂樓加蓋的房子，本身已經有固定房客，再加上廣告牆出租的收益，輕鬆就有高租金。高投報當然很難失敗，景氣再差，頂多就是放著不要賣，當收租婆也不錯！

再舉一個創造投報率高單價的案例：我朋友在金華街二四三巷底，快到永康公園旁邊有個小店面，那裡共有兩排店面、一共十間，每間四~五坪不等。當初建商將它分割成小單位出售，你猜猜一坪可以賣多少錢呢？建商當初賣出的價錢是每坪三百萬元。你覺得很貴嗎？一點也不！後來等到大家開始做生意了，最新的成交價，飆到一坪四五〇~五〇〇萬！建商後悔不已，覺得當初賣的實在是太便宜了！

有誰預料得到，巷子裡的行情竟然會飆到這麼高？其實不難預測！因爲一間店面的租金大約是四~六萬不等。有高租金，當然會有高行情啊！下次到那邊去，別忘了觀察一下別人成功的案例喔，並且開始尋找你自己的金店面！

第4種：買稀有的房子

前英國首相邱吉爾的夫人曾說：「好的房子可以變化一個人的氣質。」我深信不疑，你呢？

一個朋友告訴我，他爲了要買國父紀念館對面、逸仙路上的純住家名宅，排隊排了整整二年，才終於如願以償。後來我發覺，民國七十八、七十九年左右，台北市蓋了一批知名度相當高的名宅，這些百大名宅中，有一些共通點就是：皆爲緊鄰大馬路、具有大基地面積的純住宅，一樓多爲開放式空間的中庭花園、戶戶有坡道平面大車位、公設比約在20％左右。這些案件在市場上被指名搶購性高，行情也居高不下！物以稀爲貴嘛！

比如何麗玲之前住的「僑福花園廣場」、李四端住過的「莎士比亞大廈」、面對中正紀念堂的「中正梅園」、故宮附近的「至善天下」、都是房仲業者口中的「明星案件」！因此，我心目中的投資排行第一名，就是這些在文教區、增值區的馬路邊、純住名宅！

第5種：買頂樓加蓋的房子

再來，很少人要賣、很搶手的，就是像第一名模林志玲老家杭州南路七樓電梯華廈的頂樓加蓋那種房子。大巷子裡的七樓頂樓加蓋，是現今房地產投資的「極品」！因爲一般要蓋到七樓的華廈，因有「建築削線」的關係，巷子一定要夠寬，不用爬樓梯、又有加蓋的部分，簡直是買一送一！以一層樓的價錢換兩層樓的使用面積，划算極了！

七樓加蓋是極品之外，更佳者是**四樓的公寓頂樓加蓋**，再來是**臨大馬路邊的住辦大樓頂樓加蓋**也好！最後，就是**五樓公寓的頂樓加蓋**。因爲同樣是頂樓加蓋，四樓跟五樓只差一層樓，行情可是差一大截！因爲要多爬一層樓梯，一般人爬五樓還可以接受，要爬到加蓋的六樓就有一點辛苦了！一般來說，頂樓加蓋的房子，都很容易找到買家，因爲在都市裡，要找到使用空間大，又不到兩層樓的價錢，眞的不太容易，因此非常容易脫手。不過，買頂樓加蓋，一定要注意以下幾點：

1 要請教左鄰右舍，頂樓加蓋是否爲頂樓住戶可以單獨使用，以免樓下住戶有異議，產生糾紛情事。

2 是否曾經被檢舉申報拆除？這個部分可至建管處網站查詢。

3 頂樓加蓋部分是否爲八十三年十二月三十一日之前所建造，可暫不予拆除之加蓋。因爲若是八十四年後建的，一率算違建即報即拆，蓋了也沒有用！

以上的頂樓加蓋中，最具投資價值的，就是特定區域內的產品，比如剛提到的台北市逸仙路、青田街、溫州街、麗水街、忠孝名人巷等等，光是聽到這種「湯金鑲鑽」門牌，就知道又是那句老話：「我們這邊很少有人要賣耶！很多人都排隊等著買！」

第6種：買可分割、變更、裝潢的房子

一間一五〇坪住辦混合的辦公室，由於賣相差、坪數大，所以市場上一般行情都不會太好。即使是忠孝東路四段的路邊，也不過三十五~四十萬一坪不等。但是，在經過建築師分割變更登記，以及設計師的巧手打造之後，馬上搖身一變，便成十間十五坪、兩房一衛的現代摩登小單位！

這樣的小單位，頂客族搶到不行，你猜猜看它變身後的房價一坪可以賣多少？答案是：一坪至少六十萬！扣掉一坪六~七萬的裝潢費用，再加上權狀分割、銀行利息、以及仲介費用等等，賺多少，大家自己去算吧！

不過，在這種例子裡，建築師、設計師可是要有一定的默契跟長期合作，才會有高效率的溝通與

最佳成果。一樣是裝潢，做三十個工作天跟五十個工作天，光是工人的成本就差很多了喲！所以你要賺這個錢就要培養固定合作的班底，這樣做事才能事半功倍、利潤變大！

第7種：買有交通建設通過或其他重大建設的房子

房地產要賺錢，需投資在有增值潛力的不動產上。其中，重大交通建設、開發案或都市更新，都對於房地產的景氣有直接的影響。交通對於區域性的房價有絕對的關聯，因此火車站、高鐵站、捷運站沿線，都是創造高房價的機會。（關於高鐵沿線的投資建議，詳見p.二七三的「高鐵沿線分析」。

你有沒有發現，在大直「美麗華商圈」發展之後，帶動了周邊所有房地產的漲幅？這都是類似的現象。北市重大建設中，捷運就是最好的study課程，在捷運周邊，不論是店面、住宅，都因爲搭上這個交通建設的便車而增值。以捷運「板南線」來看，可說是漲幅和賣相都佳的區域，因爲這條線通過的都是一些重要的大站，昆陽→後山埤→永春→市政府→國父紀念館→忠孝敦化→忠孝復興→忠孝新生→善導寺→台北火車站→西門→龍山寺→江子翠→新埔→板橋→府中→亞東醫院→海山→土城→永寧，共有數以萬計的房子，全都已經坐享其成享有增值的利潤了！

當重大工程，比如說要興建巨蛋、公園、政府中心、博物館、美術館、或是指標性豪宅等等的消息即將要發佈時，或是捷運、高鐵等工程線路即將開工時，就是**買房子的第一階段好時機**！因爲這時如果買了，等利多的建設或捷運蓋完，你馬上就會獲得安全又穩健的獲利。所以，多注意看報紙、新聞，或是有相關的人脈消息來源，都是你投資的利多來源。

如果在這個階段你沒有買到，也別喪氣！在捷運開工期間，有所謂的「捷運黑暗期」，區域在施工，一樓的店家沒法正常做生意，交通動線也被阻斷，每天塞車，造成附近住家的痛苦，這時的房價也會因爲捷運的關係，而暫時性的down到便宜、是可以購買的**第二階段**。

第三階段是在捷運蓋好之後，此時房價基本上已經固定在一個高點，這時想買到便宜的房子已不容易，但如果你是要買個有完善設備的房子居住卻是一個好時機。你可以以自住的方式，在這裡享受全新的設備、方便的交通，對於自住客而言，住個三、五年甚至十幾年，一定可以享有長期房屋增值的優點，讓自己獲利！

第8種：買投資客看中的房子

有很多投資客手中的房子，未必賣的比一般屋主的價錢高。但是，很奇怪，只要買房子的人一旦得知不是跟屋主買到的房子，而是跟投資客買的，心裡就會有一千個不舒服、一萬個覺得自己是呆子、冤大頭的想法。所以，仲介業者才會有包裝的說法，例如：「屋主本身是設計師，這個房子他設計的非常用心，但是因爲要移民，所以只好忍痛割愛……」等等。

但是，投資客會賺你的錢，主要是因爲他買到比市場還低的價格，再以市場行情賣給你，他不會笨到買的和市場行情一樣或是更貴的行情，再用你不可能接受的價格賣給你，這樣一來，你根本不會買，他也賣不掉！我覺得有一位仲介的說法深得我心，每次當買方問這是不是投資客的房子、或是問起屋主賣屋的原因時，他就會回答：「這些其實都不重要，重要的是你想不想買到一個價格合理又適合你的房子！」我覺得，這的確是最中肯的回答。既沒有虛僞的橋段、欺騙，也沒有爲了安慰買賣雙方而巧飾的言語。

我在房地產還有上漲空間時，在東區買了一間投資客的房子，裝潢眞的很用心，而且具有巧思。我覺得若是要我來設計，我可能也沒有辦法設計的如此巧妙！雖然，看過房子的裝潢、還有過戶的一

些資料，我明知這是投資客的房子，但是我還是決定買下來！因爲，照我估算，這房子的施工期至少要兩個月。在施工的兩個月當中，若沒有辦法找到你信任的設計師、水電木工班底，你就必須花時間到工地監工。但是要我花六十天的時間來監工，我就有很多其他事情不能去做了！

算一算，如果我買下這棟房子，我不但省下監工、發包設計、決定牆壁的顏色、地磚的尺寸……還有選購傢俱、廚具、衛浴等各方面所耗費的時間跟精力，有更多的時間來照顧自己的公司和本業，還可以將投資客所出的裝潢設計費用，在跟銀行貸款時拿來拉高成數！因爲投資客有他的班底，裝潢只花了二百萬，但若是由我來裝潢，可能要花二百五十萬！我曾經爲了找廁所用的一個水龍頭，還有找遮雨棚，光是到材料行、專業家具店尋找和詢問設計師，竟然花了一星期的時間還沒有結果！所以當你在判斷房子是投資客、自住客、一手屋、二手屋、多手屋時，重要的是考量你買入的價格和買到的價值。別人花二百萬就能做到的事情，你能不能更省？會不會搞到人仰馬翻了之後，你發現不僅花了二百五十萬、浪費很多時間、甚至因爲裝潢需要現金，而發覺要準備很多自備款，實在划不來？

房仲業市場上有兩位姓黃的投資客，人稱「雙黃大投客」，分別擁有台北縣市三百多間、和八十幾間的房子。他們的房子不好嗎？我不這麼認爲！根據他們購屋的眼光，他們會買入的房子通常在格局、座向和地點都有八十分以上的水準！他們敢下成本投資的房子，基本上是不會賠錢的！我就買過他們的房子。投資客的房子值不值得買？這完全取決於買入價格是多少！

同一個區域，投資客一坪賣四十萬元，但是一般屋主可能一坪要賣四十三萬。對你來說，你是在乎誰賺了你的錢(投資客或屋主)比較重要？還是買入的價錢比較便宜、屋況較好比較重要？我相信聰明的你，應該自己衡量的出來吧。

投資房地產教戰守則——千萬別碰的10種房子

在我選擇買房子時，除了上述實際買賣的這些經驗之外，我在唸國中時送過兩年報紙的送報生經驗，也大大的派上用場！家境不差、又有著大小姐脾氣的我，怎麼可能去送報紙呢？原因還是出在我這拗脾氣上！國中時，為了賭一口氣，我離家出走，而被爸爸斷絕了經濟來源。當時的我，身邊還帶著一隻很嬌貴的馬爾濟斯犬。而為了讓狗狗跟我自己都可以吃得飽，我只好想辦法去打工賺生活費。

我有一個壞毛病，就是早上常常賴床、遲到，我想了老半天，要養活自己、小狗、還要上課不遲到，以免讓學校的通知單寄回家裡把我老爸氣的高血壓，只有一個行業可以做到：就是逼自己早起送報紙了！當送報生，除了可以讓我呼吸新鮮空氣、保持健康之外，偶爾還可以繞回家偷看一下老爸！

記得我那時打工的報社是中國時報；因為我是送報新人，老手的叔叔伯伯們要送的報紙都是四、五百份，而我是學生，所以只送一百二十份，也就是要送一百二十戶人家。我這個新手，送報地區幅員廣大，每天凌晨四點起床，送報到六點半，每天我就這樣騎著單車在大街小巷中繞行，沒想到這個工作不僅讓我鍛鍊出好體能和翹翹的臀形，它竟然還替日後我觀察房子埋下了一個很深很好的根基。

當年送報紙也要負責收報費，所以每個月我都要在報社規定的期限之前，挨家挨戶去收報費。就這樣，我自然看到每個人家中的裝潢、擺設及家中成員的素質、生活形態，以及家人互動的點滴。只要是會訂報紙，喜歡閱讀的人，水準都不差，所以我倒沒有遇過凶神惡煞，大多都是尚稱富裕或是小康的家庭。在收報費的過程中，我也看到了各類型態的房子。

因為好壞區域看得多了，所以我一直對房子有著不同於一般人的敏感度。比方說，房子是靠近公園和綠樹的，我一定會優先考慮；因爲當太陽升起時，你會發現有綠樹的地方空氣特別的好！樹木將城市裡污濁、骯髒的空氣重新過濾了一遍，讓居住品質更舒適。相對的，有很多種房子，你就絕對不要買，因爲買了之後問題多多，像大醫院旁、資源回收中心旁、流浪動物收容所旁、洗衣店旁(污水、漂白水)，不但住起來不舒服，脫手的時候也很困難，更不要說增值了！

以下，就是我強烈建議你最好不要買的房子，記得喔！**再便宜也不要買！**

第1種：千萬不要買區域不佳的房子

在送報的這一年中，我不斷的穿梭在軍宅、店面、住家、大馬路、小巷子、中街道、一樓的平房、透天厝、四合院、二樓的洋房、四樓的公寓和還在建築中的工地等等。有鄰居品質很高的文教區、有比較落後的貧民區，也看過價格昂貴的商業區。這都讓我體會區域影響房子價格有多大。因此，鄰近工廠的工業區或是附近有焚化爐、空氣品質不佳的地區、環境髒亂不堪的地區、三教九流龍蛇雜處的地區、小吃攤林立的市場、夜市附近，吵雜有噪音(譬如飛機行經路線)的區域、房價持續低落的地區，這些都是不該買的區域，不適合投資，恐怕也不適合自住。所以，還是不考慮爲妙。

曾經有一次，我看了一間台北市臨沂街、靠近信義路的套房。仲介傍晚帶我去看時，我覺得很不錯，屋況佳、價位迷人，屬於中正國中學區、挑高三米六，還附一個車位。我有點心動，不過還好我又順口去問了一下附近其他的仲介公司，結果另一家仲介跟我說：「淳淳老師，妳應該早上去看，越早越好！看過妳就知道了！」

隔天，我一大早在大安森林公園慢跑完之後，大約六、七點鐘去看。哇！救命啊！原來那裡是超級熱鬧的早市，人山人海，門口的攤子擋路不說，光從家裡的停車場要開車出去，恐怕都要比從士林夜市中間穿過去還困難吧！後來我當然就跟那位仲介說：「謝謝再聯絡啦」！

第2種：不買窄小巷弄中的房子

送報經驗也告訴我，只要是地址、房子的權狀上出現「弄」的房子，一般而言我都不考慮，因爲「弄」的道路非常狹窄，通常這樣的房子在以前的台灣，左鄰右舍有互相照顧、守望相助的優點，但隨著社會的演變，人與人之間都變得獨立自主，太近的巷弄反而缺少了隱私。因爲棟距太近，有時你在家中看電視，對面的人家都可以聽到你家客廳的聲音。

第3種：不買低矮、形狀奇怪的房子

有些房子樓高較高，階梯數也多一、二階、樓梯坡度走起來很舒服，這表示在建築時的原始設計挑高較高，空間感較好，也比較符合人性。反之則讓人住的不舒服。另外，很多房子的形狀非常奇怪，前低後高、狹長或是多角、樑柱特別多、或是格局很怪，這類的房子通常賣相不佳，除非經過細心的整理或花大錢裝潢，否則很難找到買家。

以前沒有所謂「都市計畫」，很多地區的房子都蓋得七零八落，沒有整體的概念。那時候，大部分的人都只顧自家蓋好就好，不會去考量整體的觀瞻或是規劃。有時候我們會看到一條街上，每一間房子樣貌都差不多，但中間突然有一棟與眾不同的房子，那通常就是因爲跟隔壁鄰居談不攏，乾脆自己獨自蓋一棟，因此會產生這種不協調的景象。這種房子，有時候會阻隔了全體居民和當地的發展，或是影響整個區域的房價。

第4種：不買畸零地的房子

你一定看過在黃金地段兩棟十幾、二十層樓的大樓中間，卻夾雜著一棟兩層樓的透天厝的情況

吧？這棟透天厝永遠都沒有翻身蓋成大樓的機會！因爲以容積率和建蔽率來說，他的未來已經沒望了！除非他有非常好的店面效應，否則他便永遠喪失了可以以一間換五間、以一坪換三～八坪的機會了。

第5種：不買死巷子裡的房子

此外，凡是沒有通路的死巷子我也不會買。有時送報紙遇到一些野狗追我，每次跑到死巷子的時候，我都很害怕，因爲我沒有路可以逃出去！想想看，萬一失火了，這些死巷子內的住戶要如何帶著家當和老弱婦孺逃跑呢？所以如果你買的房子是死巷子，一定要在消防安全上多注意，因爲消防車或救護車根本進不來，當然這種房子也不易脫手。

第6種：不買沒有陽台及窗戶的房子

只要是沒有採光窗戶的房子，我也都不會買。採光不好，會影響住在裡面的人的身體健康，房子也會越來越陰暗、潮濕，讓人更加憂鬱。據調查在日照時間短的一些國家，都要定期的休假出去曬太陽，就是因爲太陽光除了可以殺菌、防霉、給人體製造維生素D之外，也會影響人們的心情。想想看，早上起來，看到一屋子亮麗的陽光，是多麼令人開心的一件事啊！

通常，沒有窗戶的房子通風也差，因此一進去就會聞到一股霉味，讓人覺得不舒服。而至於沒有陽台的房子，通常在風水上來說是不好的，就實用的角度來說，沒有一個可以站在外面透透氣、洗衣服、曬衣服的空間，也是十分不便。有陽台的房子也可以讓都市人有個種種花、養養小寵物的休閒嗜好，對於水泥叢林中的我們，是很需要的！因此，我喜歡有大窗戶、寬闊陽台的房子。

第7種：不買建材不好的房子

建材不好的房子我也不願意購買。我發現有些裝潢雖然年代久遠，但是因爲木材材質好，所以沒有安全上的顧慮，也顯現出特有的味道和建材獨特的風貌；但若用了不好的材質，就會有白蟻、壁癌，甚至因爲砂石和混凝土並非眞材實料，牆壁和主樑、大樑上都會出現龜裂的狀況。若遇到鋼筋外露的海砂屋更是讓人欲哭無淚！

第8種：不買座向不好的房子

當太陽已經升起時，房子受光面就看得格外清楚！坐北朝南或是座南朝北、有無西曬、東照，也決定這個房子的價格和住在裡頭的人的健康。西曬的房子到了夏天會非常的炎熱，因此冷氣費用可就花費不少！而面北的房子，如果對外沒有屏障，一到冬天，則是非常的寒冷！因爲台灣冬天是吹東北季風，當風呼呼響的時候，刺骨的寒風會從牆壁、窗戶的縫隙中侵入，屋子裡面可也會冷到受不了喔！

如果買的是頂樓的房子，還要注意樓頂有無種樹！以前我曾經買過一個教授的頂樓房子，他喜歡在頂樓種樹，但每次只要下雨，他家的屋頂也會下雨！因爲他忽略了樹根厲害的穿鑿力，樹根慢慢的往下紮根之後，房子和樹就結合成一體，就造成房屋的漏水。我買下來之後，光是抓漏就花了很多的功夫，花了不少錢，非常悽慘！

第9種：不買風化區的房子

我曾經買了一間萬華區西昌街的房子，白天去看房子的時候，一切都很正常，我一點兒也沒注意到，旁邊有許多女人化好了妝、站在牆壁旁邊聊天，也就是俗稱「站壁」的風塵女子，正在等待接客！原來，這是一個風化區！我的媽呀！是二十四小時有女人在樓下拉客的耶！那間房子，也就是我

上述提到賣了一年，才等到一個客戶出價的。

還有一個朋友，她在中壢後火車站買了一間房子，剛開始還不錯，房客源源不絕，她很開心的當了幾年的收租婆。沒想到，後來，隔壁的汽車旅館營業之後，開始有許多色情「上班小姐」進駐，而上班小姐都在她買的這一棟大樓租房子，於是，她的房子就再也找不到正常職業的房客了！最後，在膽顫心驚、不敢租給特種營業小姐的狀況下，她只好賠售將房子脫手，損失不輕！

第10種：不買環境中有危害風水或健康因素的房子

其實，房屋週遭環境裡有很多東西，對房子來說都是減分的。比如說：鐵路、橋樑、加油站、神壇、寺廟、變電所、電箱、手機強波站、基地台、家庭式工廠、巷沖、路沖、大門對屋角、墳墓、畚箕屋、山坡地……等等。有一些是不能改變的大環境，比如說電塔，有一些則可以用一些技巧來改變。

比如說，如果一樓門口有電線桿、變電箱，這是可以申請移開的喔！只要你提供其他適當的場所放置即可。大哥大的基地台也是一樣，是可以商量將之移開的。我曾經買過一間面對中正紀念堂的預售景觀屋，旁邊就看得到別人樓頂架設的基地台，在我購買之前，建設公司依照法令把它移除後，果然不久後，那個基地台就消失了！這下子，又增加了一個利多！

10大千萬別買之番外篇：小心海砂屋、輻射屋、凶宅

1. 海砂屋、輻射屋

前一陣子才從新聞上看到陽台整個掉下來的海砂屋。十幾層樓的大廈，假如你是裡面的住戶之

一，你一定會憂慮，這個房子還能不能繼續住下去？想要賣的話，賣的掉嗎？我們小市民不用去了解爲什麼會有海砂屋，只要在我們買屋前請賣方附上土木技師公會的証明，就不用擔心我們會成爲海砂屋的受害者。以下是六個教你觀察及把關的步驟。

第一，有信譽的建商。

第二，買五年以上的房屋。因爲海砂屋氯離子偏高，鋼筋混凝土容易剝落，五年以上的房子觀察地下室天花板或是樓梯間，牆壁就會開始剝落，鋼筋外露，那就可能是海砂屋了！

第三，海砂、輻射列爲買賣斡旋成交的排除條件之一。

第四，自己用心觀察，海砂屋會使牆面滲出白色的痕跡，俗稱壁癌。購買新屋時，要注意牆面是否出現壁癌，或是鋼筋外露，尤其是樓梯間或地下室等公共區域，壁癌的成因通常如果不是因爲漏水，就可能是海砂屋。

第五，注意天花板、牆面的裂縫，如果跟鋼筋的走向相同時，就要特別注意。

第六，請土木技師工會的專家來檢測。費用其實不高，鑽一個小孔行情大約三千元便可測知。因爲測海砂主要是測試砂中的氯離子含量而得知。

另外，最可怕的就是輻射屋了！其實輻射屋更好查，除了市府建管處網站上面會有列管及公佈外，相關民間測試單位都會有名單可供查閱。但要小心一點的是，**民國七十一～七十三年及八十二～八十三年建造的房屋為高危險群**！因爲當年流出市面的輻射鋼筋，尚未全部清除回收，故仍應注意防範，如果有需要，可以跟「原子能委員會」申請免費檢測，以確保自身權益。

我曾經買過兩間房子，一間在市民大道旁的華廈二樓，一間是大安區的獨棟三層樓透天厝，兩間

買進的價格都是約在二千萬元左右。可是，這兩個房子在交屋時，都不願意「借屋裝潢」就是在**代書跑流程期間、正式交屋前，讓買家先進場裝潢**。那間透天厝更怪的是，我看到他在兩層樓之間做了一個很大的鐵架，不知道是幹嘛的？讓屋子穿鐵衣上鐵架，非常詭異。

於是，我不放心，就請仲介協調屋主，讓土木技師工會的專家去幫我檢測，因爲我打算要將三層的透天厝隔成十二間套房出租，如果它是海砂屋的話，一定承重不住，會垮掉！結果，果然勘查出來，兩間都是海砂屋！市民大道的那間房子，屋主很快就將訂金全額退還，我僅損失了一筆代書費不到兩萬元，雙方算是好聚好散。但是，大安區的那個透天厝屋主，卻聲稱就算是海砂屋，他也要上法院請法官判定。而且，他要自己再檢測一次！結果，測試之後屋主也遲遲不跟我聯絡，最後，我寄出了二次存證信函，表示這是一個有瑕疵的房子，希望他出面解決，但屋主打定主意就是要用拖字訣，因爲屋主一直拖房價就一直漲，他手中又有了我的部分價金可以運用，而且連利息都不必付給我！

最猛的是，他竟然想一方面沒收我的二百萬訂金，另一方面打算把房子用更高的價格賣給另一個不知情的人！起先，仲介公司還跟他一鼻孔出氣，因爲如果他們拿到我的訂金，通常會以各一半的方式〝分贓〞。在我十分清楚他們的打算後，我對仲介表示：「我會向消保官申訴，這樣你們總公司受到壓力，就會對你們這家不專業和處置不當的加盟店進行處分！」同時我也在律師的建議下，直接跟屋主表示要對他的房子進行假扣押。就這樣，才讓這些只顧自己而不顧他人權益的人打醒，退回我的錢，我才將所有已經付款的交易金額要回。

目前，因爲網路發達，房子是不是輻射屋、或是海砂屋，都可以在網路上查詢的到，可以多多利用！

輻射屋查詢網址 http://www.aec.gov.tw/www/service/index04.php

海砂屋查詢網址 http://163.29.37.132/html/main.htm

泡水屋查詢網址 http://www.med.tcg.gov.tw

2. 凶宅

買房子怕買貴，但有一種房子，比買貴了的房子還更令人害怕，那就是「凶宅」。

凶宅到底要如認定？這是一個見仁見智的問題。我在高雄的仲介經紀人告訴我，高雄市某棟大樓多年前曾經發生過箱屍案。一般命案造成的凶宅，多是在大樓裡的某一間住戶，然而，這個命案，卻讓整棟大樓都變成了凶宅，幾乎沒有人入住。這是怎麼回事呢？原來，當時兇手是將被害人分屍之後，用電梯將屍體一塊一塊的帶離凶案發生的地方，因爲電梯是經過每一層樓的！所以，有很多人認爲整棟樓都成了凶宅！這棟本來很有質感的大樓，就因此被高雄人視爲「凶樓」，不但價錢一落千丈，也很難找到買主。

另外一個案例是一個爲情所困的憂鬱症少女，她推開位於二十樓的窗戶，越過陽台欄杆跳樓自殺。當她往下跳時，她撞倒了八樓的遮雨棚，最後掉落在二樓的露台上氣絕身亡。就這個case來說，到底哪一樓才算是凶宅呢？很多仲介說法紛紜，不過若是以投資的買方來說，應該是：二十樓、八樓以及身亡處的二樓都算，聽說後來那棟樓不但價錢賣的很差，後來的人也不太敢再住在那裡了。

不過，像基督教徒或是外國人士，因爲他們的社會背景和人文教育不同，他們認爲死亡的人並非他們所害，所以心胸坦蕩，不會在意，也認爲兩個世界的人可以和平相處，甚至還會祝福受到冤屈的靈魂。所以大部分的凶宅最後買主，多半屬於這樣的買家。我看過幾個凶宅的買賣，後來都是基督徒

或是外國人士最後以十分便宜的價格買入。

另外還有一種買家，是將凶宅買下作爲社會公益團體使用。像是滅門血案林義雄的舊宅，後來就變成基督教「義光教會」的會所；在陳進興逃亡期間犯下震驚社會的「整形醫師方保芳命案」，最後是屋主捐給佛教社團，變成一間佛教界人士沈澱心靈的聖地。

凶宅的認定與否，取決於個人的觀念。在國外，當地假日會有一些有趣的另類活動、特別的promotion等等，其中就有「體驗鬼屋之旅」，這些鬼屋旅館，都像古堡一樣，眞的發生過一些讓人議論、鬼影幢幢的事件，許多人都很想去經歷一下這種特別的經驗。但你一定想不到，一般來說這種活動的預約報名在六個月前就已經額滿了！在英國，體驗凶宅旅館竟然是許多人的休閒活動，而且還所費不貲呢！在先進國家，竟然可以將凶宅鬼屋變成商機，成爲觀光旅遊的景點，眞是佩服他們深具商業頭腦的巧思！我想，這就是所謂「另外一種思考模式」吧？台灣的「民雄鬼屋」也很有名，民雄這個小地方，就是因爲那一間鬼屋而被人所熟知。不過，在英國，人們將鬼屋經營成賺錢的民宿，中國人卻逃之夭夭，避之唯恐不及，這就是民情的不同了。

如果買房子的時候，想確定一下房子是否是凶宅，除了跟仲介、屋主詢問之外，也要多下功夫問問附近的鄰居、里長，或是到轄區分局、消防局勤務中心查詢一下，是否爲拉封鎖線之事故現場。（有的警察不會主動告訴你，你必須要技巧性的探問才行）另外，房屋仲介售屋資料表裏，都會有一張「房地產標的現況說明書」，其中會有一條：是否曾發生兇殺或自殺致死案件？屋主會在上面勾「是」或「否」，你要多留意，以免買到凶宅。除此之外，「台灣凶宅網」也可以查詢該地址是否爲凶宅。網址是：www.unluckyhouse.com

那麼，如果你買到了凶宅，事後才知道，該怎麼辦呢？讓我們來看看這一個小故事。

高雄的市區，有一棟一層四戶的五樓公寓，一樓店面臨前馬路，公寓的出入口則爲後方巷道。因此，整棟公寓的門牌號碼，前、後棟各不相同。後棟的公寓五樓，好幾年前曾經發生過一樁自殺事件。幾年後，原一樓店面的屋主將店面整理後，自己賣些小吃。小吃店很賺錢，於是一樓店面的屋主沒多久就慢慢的把整棟公寓一戶、一戶的買了下來，並且重新裝修，將門牌號碼申請統整爲某某路幾號。頂樓，則改爲空中花園。

後來，屋主透過仲介，將整棟公寓賣給了某整型外科陳醫師。近年來，像這樣「前路後巷」的透天厝，因爲出入隱密，是愛美人士及整型外科的最愛！不料，後來陳醫生輾轉從病人口中得知，五樓曾經有人自殺，是兇宅，而且剛好就是陳醫生的主臥室所在！嚇得陳醫生連夜搬離，並要仲介告知原屋主，他要無條件退屋！

然而，原屋主卻說，該命案地址早已不存在，而且他當時購買時也不知情。但陳醫師堅持屋主只有翻修、打掉格局，並非整棟樓從地基開始重建，所以還是凶宅。陳醫師和原屋主各持己見，鬧上調解委員會。在爭執當中，原屋主提到，他是因爲一樓小吃店賺錢，所以後來先買下五樓當住家，把頂樓天台翻修重建成空中花園，後來才逐步把整棟公寓給買下來的！要不是三個兒子結婚後，不願意住在一起，他也不會想賣掉這一間「賺錢厝」！

調解委員一聽，覺得這棟公寓五樓的自殺事件他好像有點印象，就問原屋主：「當初五樓屋主是不是姓藍？」原屋主嚇了一大跳，說：「你怎知道？」調解委員解釋，幾年前他調解過一個個案，是頂樓天台增建花園、魚池，結果漏水漏到樓下，引起了糾紛。後來兩位住在頂樓的屋主，其中有一位

好像自殺身亡了，於是這個案子就不了了之。原屋主一聽，說：「沒錯！天台的確有個魚池，當年施工沒做好，後來閒置在那邊，是我花錢重新做了防水、造景，才會變成空中花園的！」

於是，調解委員就這個情形，按照慣例舉出下列二種方式調解：

A如果陳醫師購買之前知道是凶宅，他就不會購買，即「買受人若知其情事，即不爲買受，買受人得撤銷該買賣契約。」（民法第八十八條）

B.該物件是屬於「物的瑕疵」，通常著重於物的客觀使用效用（民法第三百五十四條），所以陳醫師如果知道是凶宅，他就不會出那麼高價購買，則當事人對於買受之標的物，原有價值估算錯誤，屬於「欠缺應有價值」的瑕疵。作法上，依其程度之不同，有兩點作法：

一、解除契約（程度較高者，類似於撤銷買賣契約）。

二、減少價金（解除契約顯失公平者，買受人僅得減少價金，不能解除契約）（民法第三百五十九條）。

看了這二種方式，原屋主表示，他可以拿出與前任屋主買賣契約書，證明他所擁有的房屋產權期間內，並未發生兇宅情事，所以他僅願意代現任屋主（陳醫師）向第一任屋主求償。但是陳醫師並不同意，因爲他只想單純解約、拿回價金，迅速逃離凶宅。

原屋主說，那麼還有一個方式，就是他同意買回原有五樓後棟的兇宅，因爲這棟房子原本就是公寓改建，一戶凶宅並不代表全部都是兇宅。如果是這樣，那大樓公寓誰敢買？但這個方案，陳醫師還是不同意。他說：「你說啥瘋話！你買回五樓？那進出豈不都要從我家經過？」原屋主又說：「要不你把五樓後棟拆掉，費用算我的！算我倒楣，我自己再去找第一任屋主算帳！」

調解委員見兩方爭執不下，也很頭疼：「從沒遇過這樣的事情！」但他想到南部人迷信鬼神，於是用了個很聰明的說法，他說：「但是我認爲之前自殺的第一任藍姓屋主，可能是感激原屋主對於頂樓天台花園的改建，完成了他之前的心願，所以保佑原屋主賺了不少錢！才能夠把整棟公寓買下來，改成透天豪宅。而且『前路後巷』的房子，本來就不好找，陳醫師你何不把五樓改成最近流行的溫室玻璃帷幕，變成有機蔬菜栽培區？你開整型醫院，又兼送有機蔬菜，搞不好『他』也會保佑你的醫院生意興隆喔！」

調解委員接著說：「而且，主臥室改到前棟，光線也會好一點。原屋主你雖然當初不知情，但是你賣這間房子也賺了不少，裝潢、整建的費用就由你負擔！這樣可好？」後來聽說，好像眞的和解成功了！整形陳醫師眞的把五樓後棟給拆掉了！也幸虧有賴這位聰明的調解委員，才使事情圓滿落幕。

買房子的時候，屋主及仲介都有責任將房屋概況清楚陳述，像如果是凶宅、海砂屋、輻射屋、地震龜裂、曾遭淹水等等，都應該確實陳述。如果隱匿不報，則買家得以解除契約，或是減少價金。這是買家應有的權利，不要忘記喔！

淳淳的過來人叮嚀：

若透過仲介公司買到凶宅告上法院，經查屬實，法官大致會將兇宅以買價的15%~30%的價損，請仲介公司賠償，並判定退還仲介費，但對於裝潢費因大都缺少具有效證明的單據（如發票、稅單），所以大都自認倒楣，求償不易，若爲屋主自售，有先例爲屋主被判刑。

Chapter 09

理財富媽媽的練習題（三）：

「下手前再等一等」的12個投資必修課

儲蓄者與投資者的差異，其實用一個字就能將二者區別，這個字就是「槓桿」(leverage)，按定義來說，槓桿就是「以少作多」的能力。——「富爸爸窮爸爸」作者羅伯特

第1堂課：債權

怎麼樣才能知道一間房子是不是有債權上的問題呢？淳淳提供你幾個專業的方式來做檢測：

1. 調閱謄本

房屋謄本可以請仲介公司幫你在網路上直接列印下來。在房屋的建物及土地謄本上，有一個「他項權利部」的部分，會載明「權利價值」及「權利人」。一般來說，有房屋貸款的房子，權利人通常都是銀行。

比如說，一間一千萬的房子貸款實際金額是八百萬，銀行會加上兩成設定，金額就變成九百六十萬。也就是說，這間房子在上一任屋主購買的當時，銀行也認定它價值一千萬。房子的設定第一順位通常是銀行，我們查一下序號就知道它是否有第二位順位，意即所謂的「二胎」。

第二順位有時也是銀行。有的銀行可以將房子貸款第二次（二胎），但是利息比較高。但是如果權利人不是銀行，而是一般「民間二胎」的話，**他的設定權利人就會是一個人名、或是公司名稱，那麼，你就得要小心注意了**！因爲這表示這個房子有第二順位的債主囉！如果屋主因爲欠債、欠稅或其他原因而被假扣押，這些債權通常都會在謄本上面登載的一清二楚。因此，察看房屋謄本很重要。通常，我不建議購買有多重債權的房子。

但是，如果你還是喜歡到不行、決定要買的話，你就必須要知道，一般銀行假扣押要撤銷比較快，若是有國稅局等公家單位，那你就得要有慢慢等待的心理準備了！在等待過戶的這段期間，要是屋主又有其他債權上身，影響到過戶，那就眞的是理不清囉！

所以，我建議，最好在簽約當天再調閱一次當天的房屋謄本，因爲曾經有騙子假冒屋主與代書串通好在調閱謄本與簽約的這段時間差距中搞鬼，把房子又拿去貸款等等。有債權問題的房子，最好不要讓屋主或任何人先拿到自備款，而用「成屋履約保證」的方式將錢放在銀行裡，除非設定金額很低、跟買價有一大段差距，否則當心別自找麻煩。而一般小市民通常不太懂這類複雜的買賣問題，因此想要防止假屋主跟假代書聯手騙你，害你花了所有的錢卻只買回幾張假的權狀，最簡單安全的方法就是跟有品牌信譽的仲介公司合作、或在律師的見證下買賣。

淳淳的過來人叮嚀：

如果賣方很有錢，房子都以現金購買，沒有任何銀行貸款，那麼在土地及建物謄本上就不會有「他項權利部」的任何文字，只會有「土地標示部」及「土地所有權部」，或是「建物標示部」及「建物所有權部」。要留心注意一下喔。

2.屋主簽約款額度高

這其實跟上述狀況有點類似。屋主若是要求你的自備款成數較多的話，一定就是急著要用錢，所以最好請中間人（房仲業者）或代書，善盡調查的責任，確認屋主有沒有債權問題。

3.屋主指定代書

我曾經聽過這樣的案件發生：市價一千萬的房子，屋主沒有任何貸款，但是買方太怕買不到這間

房子，所以屋主順勢要求付五成的自備款。而且，他指定要用他自己的代書。於是，買家在付了五百萬自備款給屋主之後，屋主根本沒有辦理過戶，代書跟屋主又用同一間房子，去貸了八百萬，然後帶著一千三百萬就捲款消失了！

這位買家後來才知道，原來不只他一個人付了自備款！還有其他的受害者！爲了避免這種一屋多賣的情形，買家最好要堅持用自己或是仲介公司所配合的代書，但如果你不是透過仲介公司買房子，那你可以請當地的警察或里長推薦一位合法而信譽良好的代書，以免房子沒買到，卻揹了一身的債務！

但是，話說回來，到底怎樣才算是合理的自備款、以及交屋款呢？下面有個簡單的算式：

屋主實際貸款金額 ＋ 屋主應繳增值稅金額 ＋ 交屋款金額 ＝ 尾款金額

總金額 － 尾款金額 ＝ 自備款金額

比方說，你買了一千萬的房子，屋主實際上的貸款爲七百萬元，另外他還要繳增值稅五十萬元，因爲政府規定，增值稅是賣房子的人一定要繳交的。另外，爲防自備款付了太多，屋主延遲交屋，所以留個一百萬，到時尾款你幫屋主清償掉七百萬銀行貸款時，他還可以拿回一百萬元。這樣算起來：

屋主實貸700萬＋增值稅50萬＋交屋款100萬=850萬（尾款）

1000萬−850萬=150萬（自備款）

所以，我給屋主自備款一百五十萬，就算是合理範圍。屋主東扣西扣，給了仲介費、繳了增值稅，想一想尾款還有一百萬，趕快搬家、交屋才是上上策！最怕是一開始都給屋主了，只留個貸款，結果又要擔心他不繳增值稅、又要擔心他若有其他債權、還要擔心他遲不交屋，那不就很慘嗎？所以，記住喔！**「買樓要比對面高，債權別比市價高！」**

第2堂課：選擇優良仲介及中人：

大部分人買房子，少不了要經過仲介的介紹。套一句股市老師的流行語：「好的仲介可以讓你上天堂，不夠專業的仲介就會讓你住套房！」

優秀的仲介，可以說是必須要無所不知——無論是建議適合投資的標的物、報告物件行情、預估轉手的獲利，或是打探租金行情跟投資報酬率、解析各項稅費、稅率等等，他都要一清二楚，是你的頭號軍師。我很幸運，就是因爲結交了幾位不錯的仲介朋友，因此合作愉快，事半功倍。我們還一起組了一個〝**買樓天團**〞，常一起分析市場、討論行情，彼此收獲都很多。

目前，房仲業市場上，有分所謂的「直營店」跟「加盟店」，直營店代表比較大型的品牌，例如「信義房屋」、「永慶房屋」等等。加盟體系的品牌較多，有「東森房屋」、「中信房屋」、「21世紀不動產」、「住商不動產」等等。

兩相比較的話，直營體系的「一手案源」較多，買賣交易有公司品牌做保障，若買到瑕疵物件，還有公司爲了商譽買回的案例。另有漏水保固、以及銀行做擔保的履約保證。而加盟店的人員，因爲獎金高，業務員經歷比較豐富，銷售能力通常比較強。但是，不管是直營或加盟，**挑對品牌做功課**、**選對業務做朋友，還是最重要的一個關鍵**！我的手上曾往來的房仲業名片跟名單，有一大疊，不下五百個，但是合作愉快、且是好朋友的事業伙伴，卻僅有一、二十位。合作默契好，不僅可以在第一時間就知道案件訊息，業務人員也不會給你亂報價！有了這些〝天團〞好朋友，當然就比別人多一分機會啦！

就一般狀況而言，仲介跟賣方屋主就像虎視眈眈的大野狼，而我們則是遇險而不自知的小紅帽。老奸巨猾的大野狼最喜歡又嫩又肥的小紅帽，隨時準備把你生吞活剝，不是嗎？因此，在買房子時，千萬別表現出很嫩、沒有看過房子的模樣，當仲介帶領你看房子時，可千萬別表現出一副：「哇！這就是陽台啊？這就是露台啊？這就是頂樓加蓋啊？」這種讓人一眼就看穿你是菜鳥的方式對話。**菜鳥只有一種命運，就是——被狠狠的搾光！**所以，寧願少說多問，也不要自作聰明！

我剛買房子時，曾在一〇一大樓旁邊看上一間房子，這是透過「中人」（中間人）介紹的，他不是仲介公司的業務，也不是屋主。**所謂的「中人」，有可能是大廈管理員，也可能是消息靈通人士**。當他知道我對房地產有興趣、也曾包過不錯的紅包給其他管理員時，在中人的眼中，我就成了頭號肥羊小紅帽！那一次，在我跟這位中人看了房子後，他從我的坦率和老實、外行的交談中知道，我是個又稚又嫩的小紅帽，於是，他居然順勢而為的提出要收百分之九介紹費的要求！

一般買賣房屋，行情是買方要付1％～2％的仲介費用給仲介公司，景氣低迷時有時約0.5％即可，而賣方則付2％～4％不等。雖然很多人在買賣房屋時，都會心疼這一筆龐大的仲介費用，覺得他們工作輕鬆就可以賺取暴利，但有時你也要想想，仲介公司要付營業稅、要養員工、還有水電、店面、人事……等一堆管銷費，還得負擔你房屋買賣成交的安全性。這個費用，一般來說是取之有道的！

那一次，那個中人想誆騙我，說只要我付他六十萬元，他就可以說服屋主以很便宜的價格把房子賣給我。結果，當我接觸到屋主後，旁敲側擊下才發現，這位中人事實上也是用同樣的方式誆騙屋主，說只要屋主付他60萬元，他就可以幫屋主找到願意出高價的買方。在這一來一往當中，他竟收取了比一般行情還要多好幾倍的服務費！況且這位中人既沒有開公司發票、收據，也不負責交易的安全和責任。雖然我是小紅帽，但是我一聽到這個中人要向我收取的費用，我就靜靜的看著他要把戲、把這個當成是買房子時一堂很重要的課程般用心來觀看著，我知道我遇到大野狼了！還好因爲我警覺性高，屋主也是老實人，所以全身而退。但基於買賣道義，我也沒有私下和屋主交易，因爲我不想引起任何糾紛。

淳淳的過來人叮嚀：

在這裡要提醒買家、賣家，仲介費用其實是有彈性的，可以商議，在簽約買賣時，可以依成交金額來議定仲介費用，只要雙方認可即可。內政部的規定是「買賣雙方的服務費是不能超過買賣總價的6%」，否則仲介公司必須將多收的錢雙倍退還。

第3堂課：專業的部分交給專業

在買賣房屋當中要擔心的事情眞的太多了！大到有如何看懂、搞清楚房子、土地、建物……的權狀，還有房子結構安全、建物謄本等，小至簽約、用印、完稅、契稅、印花稅、增值稅、地價稅，還有買房的公告地價價值及規定地價、還有申報地價的不同。更仔細的人可能還會問到如何估算土地增值稅？或是買賣房屋如何節稅？及登記規費的問題。

前面說的這些，就算許多專業房地產從業人員，都未必能夠說出個道理、或算得很準確。如果賣你房子的人都說不清楚，那你不就更糊塗了嗎？這筆糊塗帳以後該找誰算呢？

我的方法很簡單。原本房地產除了舊有的規定之外，日後還有一些新增項目，不是這行很專業的人根本弄不懂，因此如果你拿到的書面資料不是最新的，你就會用舊方法和舊觀念來判斷你買賣房子

要注意的事，因此出問題的風險也大。以我來說，買賣房子簽約時，我一定會請教代書，也會請代書在我簽約前，先將買賣房子所有要注意的事情，以書面方式讓我清楚看到，而不是口述。

一方面，我擔心口誤，再者也擔心買賣人員並未據實以報，或是一知半解而說錯。所以我在買賣合約中會加註但書，例如代書給我的資料，在買賣當中出現和這些數據不同的數字時，只要有任何一樣不同，這份合約就失效，而且必須把我所付出的款項無條件退還給我。這樣一來，代書和房屋公司就會仔細了解和查對，否則他們不敢簽字。甚至，我還會加註：**一旦有上述事情發生導致房子在買賣中造成任何損失，房屋公司和代書就必須要全權負責**。所以他們更會十分謹慎小心，讓這筆交易順利完成，佣金落袋爲安。

而代書的專業就是爲了要在買賣時弄得清清楚楚、產權明白，沒有事後的糾紛，畢竟若是要爲一個房屋買賣而吵來吵去，連生活都別過了，更遑論獲利。所以如果你的附註但書可以讓他們都把所有事項都看清楚，並簽名認證，結果才能皆大歡喜。

爲什麼我會有這樣的觀念呢？這就是我請律師的經驗。我發現，就算你背熟了六法全書，一旦眞要打官司，還是沒有辦法處理得當。因爲你沒有實際的操作經驗和技巧。但是當我讓專業人員擔任買賣交易當中重要的守門員、審核官後，我發現有時讓人無法理出頭緒的條文、道理及應對方法，就輕易的解決了！而一個專業的好代書及仲介公司，大概二個小時內就可以幫你把簽約完成，但日後的交屋、過戶等事項則約三十到六十天內完成。這就好像你得了心臟病，心臟要開刀時，就算你熟讀醫學書籍、知道心臟有什麼毛病，但你還是沒辦法自己來做心臟手術，還是必須仰賴其他專業醫師來處理，是一樣的道理。

第4堂課：選擇一位好代書

一個經驗豐富的代書，一天當中要簽的買賣交易數量會多達五、六件以上，對這些代書來說，詭譎多變的買賣交易中所有欺瞞、詐騙的行爲，都逃不過他們的眼睛。再加上你選擇了好的仲介公司，大家用永續經營和服務業的精神來思考，都希望可以源源不絕的合作，沒有人願意爲了一棵樹而放棄整片森林。

選擇代書是你買賣房子成功與否的重要條件。首先，跟個人或小公司交易買賣雙方要簽合約時，專業的代書一定會先遞上他的名片，我通常會先請陪我簽約的任何一位朋友離開一下，去打個電話給名片上所印的號碼做個查證，若接電話的人聽起來像是個家庭成員，我就會很擔心，如果是大公司行號，我就會放心。但不論是家庭式或是公司行號，我都會要求代書要擁有合格證照。如果代書名片上有統一編號，還可以上經濟部商業司的網站查詢公司的背景！

若這幾個小動作都得到證實，我會請教代書，這樁買賣交易中所有的數字，是不是都和屋主說的一樣？或是和賣屋的仲介人員陳述相同？通常代書應該要仔細的向我說明。如果這位代書看起來很不耐煩，或是問不出個所以然，你可以很技巧的私下告訴仲介人員，希望更換一個代書，或是要求暫緩簽約，等你找到信任的代書之後再簽約。

因爲在房屋買賣過程中，眞正可以乾坤大挪移、偷天換日的，往往就是代書。我在和一位代書聊天的過程中知道，竟然有買方和賣方爲了要省仲介費用，本來要買一般可以蓋房子的建地，後來卻買到了只能種菜的農地！但因爲賣方沒說、買方也沒問、代書也不知情，而導致雙方合約都簽了，等到買方興沖沖的請了建築師、設計師要來蓋房子時才知道，原來他買到的地方只能建個小花園、蓋間小

農舍！有人說，**路長在嘴上，其實錢也是省在嘴上**！不要嫌麻煩，多問個兩句，有時候可以避掉很多陷阱，也可以獲得正確的資訊。

第5堂課：弄清楚房屋相關法律及規定

買房子要看清楚產權。和你簽約的是不是所有權人本人？如果是別人幫他代簽，代爲簽約的人是不是有授權書？別到最後錢被代簽約的人給收走了，以後要找誰要你都不知道！

還有，關於頂樓加蓋、夾層屋、違章建築、也有許多相關的法律條文需要弄清楚。

在台北市，民國八十四年之後新建的頂樓加蓋，是「即報即拆」的，但是民國八十四年一月一日之前就蓋好的頂樓加蓋，或是現在認定是違規的外推建物，則是可被政府暫時認定不予拆除的。

我個人把買違建房子分成兩種。**第一種**，違建的部份是在房子裡面的。比如說，夾層、陽台外推、變更格局，或是打掉牆壁等等，只要注意建築結構上的安全性，在建商使用執照下來後，只要是在屋子裡面的，不要太離譜，比如把陽台或花台做的太過突出而遭檢舉，一般來說，都不會有什麼「違建報拆」的問題。畢竟，你自己家裡面的事情，別人是看不到也管不到的！

但是，**第二種**違建在門外面的，比如說在防火巷加蓋、把天井填滿、將頂樓加建等等，鄰居、外面人都看得到的，就要特別注意左鄰右舍跟建管處「關愛的眼神」了！

但是你千萬不要以爲，八十四年以前的違建，就一定不會拆喔！只要有妨害公共安全的，還是要拆！至於哪些是妨害公共安全？怎麼妨害？見人見智，這就是灰色地帶了！所以說，眞要報拆別人的房子、眞的要他拆，其實還是有學問的！最常發生的，就是所謂的「頂樓違建」問題。

我曾經在買頂樓加蓋的房子時，碰過屋主這樣跟我說：「我們的頂樓加蓋是有繳房屋稅的喔！而且還有當初工務局核發的証明喔！所以，我們是『合法違建』。」其實，違建就是違建，沒有什麼合不合法，別人違建都不用繳稅，你還繳稅，工務局先不要說那張證明可不可行，他規定只能蓋三十平方米（約九坪），結果你蓋了三十坪，這樣眞的算是合法嗎？所以我對「頂樓違建」認定價值上，只認定八十四年以前建的，我才會計算在房價裡、認定它的附加價值。

再來就是所謂的「使用權」上的爭議。頂樓違建是隨建物一起移轉，還是整體住戶都是所有權人、共同持有？**「是誰有權使用」這點很重要**。

民國九十一年，有一個頂樓加蓋的社會案件。一間延吉街頂樓加蓋的房子，屋主初先生透過當時房屋公司加盟店的經理黃先生，銷售成交。但就在快交屋時，屋主卻因爲養了很多大型犬沒地方擱置，就向仲介公司表示說，當初售價只賣頂樓部分，違建加蓋那部分還是要自己用，不打算搬走。雙方就違建這部份談了數次，就在一次黃先生帶著銷售女專員去找屋主洽談當中，屋主竟憤而持槍行兇！還好因爲槍枝卡彈，屋主改由持刀攻擊，女專員逃過一劫，黃姓經理卻不幸身亡！

這是一個眞實案例！提醒我們，買屋賣屋一定要再三小心，以免引起許多不必要的困擾。因此，就頂樓違建部分，我每次都會再三確認年份以及使用上的情形，假如屋主能夠提供所有住戶簽名同意使用，那就是完美的一百分了！

再來還有一種是舊公寓的四樓。通常，公共樓梯只能到四樓，不能到頂樓，而四樓住戶可獨享頂樓使用權，因爲只有你方便進出而已。別人要上去，甚至抄電錶，都要經過你家，像這類投資標的也是不錯的選擇。另外，違建要整修，一定要先拍照，並按照建管處相關規定呈報，才能動工，要不然經過檢舉，就變成「新違建」，任何一個人打一通電話到建管處，你就得「即報即拆」了！頂樓加蓋

雖然使用面積大，價值、價錢也高，但是一旦被拆成一片平坦，**那可真是「賠了『頂加』又折價」，得不償失囉！**

第6堂課：與銀行建立良好關係

地產有三寶，鐵三角缺一不可少！房仲、代書和銀行。說完仲介與代書，當然就要來談談銀行囉！

假設劉加玲和關支琳做生意共賺了六百萬，自備款三百萬的劉加玲買了一間民生社區一千萬的房子做投資，可是關支琳卻同一時間買了兩間各一千萬的房子做投資，還順便裝潢整理了一下！劉加玲一想，怎麼可能？一樣作生意，難道你分的比我多嗎？當然不是！那是因爲關支琳懂得利用銀行！信用好的她，跟銀行關係也好，兩個房子各貸九成，還留了一筆現金可以做裝潢呢！

記住！「信用」可以當「現金」一樣流通喔！銀行是很實際的，你的固定收入：每月薪資（業內及業外）、存款（有報稅及沒報稅的）。和你的支出，例如負債——房貸、信貸、車貸、卡債，都列入未來還款的評估根據。所以，不是說房子可以貸九百萬，銀行就會核撥給你，尤其卡債風波以及經過去年房價調整，銀行目前趨於保守，所以最好能在物件簽約前，先跟銀行作好溝通及估價，再決定要不要買、可不可以買。

至於跟銀行貸款，想要貸到比較多的成數，也有許多小技巧。比如說，與仲介公司常合作的銀行，通常可以給比較高的成數；還有區域性的小銀行，他們對當地行情比較瞭解，有時候農會、信用合作社反而可以貸到比較高的金額。還有配合利用一些對銀行有利的綁約條款、本利攤還、甚至是跟銀行業務買保險，有時候都可以藉此貸到你需要的金額。

所以，除了跟銀行互動關係良好以外，自己本身的信用更是值千金喔！順帶一提，有的銀行也會有所謂的「保留戶」，有時候也有不錯的物件，可直接問銀行，或上銀行的網站查詢。

法拍屋、預售屋、成屋篇

第7堂課：如果你是買不點交的法拍屋、有租約存在的房子

投資都會有風險，一般而言，風險越高、獲利越大。

大家都知道，法拍屋很便宜，可是，**知道門路的人，通常都會把厲害功夫使在「不點交」的標的物上！**爲什麼呢？「不點交」的意思就是，法院或銀行雖然拍賣房子，但是並不負責幫你處理房子裡面的情形。通常，這種房子因爲有人住在裡面，不好處理，所以大部分的人不願意去碰，競爭的人也比較少。

而厲害的、敢去競標不點交房子的人，他就會先去和房子裡現在的使用人或承租人，談好點交的條件。比如說，給「搬遷費」——行情一般來說是六個月的租金，或是談好其他條件等等。所以，會去標這種不點交房子的人，大多是胸有成竹，把後續都已經「處理」好的了！在這邊我順便說一個點交法拍屋很厲害的仲介的故事，給大家笑一下！

小武看起來很年輕，但是已經賣房子二十年了。從他學生時代起，就在房屋仲介公司打工。從發傳單到跑業務，他可是經驗豐富。小武說，當他在做法拍屋時，最怕的，就是「不點交」的房子。因此，仲介業者如果要替買主買法拍屋，最頭痛的就是幫買主排除住在裡面的牛鬼蛇神，或是以前所謂的「海蟑螂」——專門替前屋主霸佔法拍屋的房客。

有一次，當小武跟同事一起走進一間不點交的法拍屋，打算替買主排除障礙時，發現屋子裡傳出了陣陣的誦經聲，伴隨著輕煙裊裊，似乎住的是一個虔誠的佛教徒。這下大家都傻眼了，因爲，處理法拍屋，碰到凶神惡煞、或沒錢搬家的窮住客是常事，但是面對著一個敲著木魚、嘴裡喃喃唸著阿彌陀佛的佛門中人，反而讓人不敢輕舉妄動，不知該如何開口請他搬走？

小武的同事們一排人站在佛堂前，眼看著香已經燒到底了，但是沒有人敢開口說話。最後，反倒是這位佛門師姐告訴現場所有的要拍這個房子的準買方及仲介，說這是神明的安排，若是沒有神的旨意，不論是誰，都不能讓她搬走。正當大家相對無語時，小武突然間昏倒在地上，然後整個人又彈跳起來，用「三太子上身」的童音大聲嚷嚷：「師姐、師姐，妳在這裡超渡眾生，實在是功德無量！現在，有一個更需要妳的地方！我現在就指示妳離開這裡，到那裡去！」

就在大家都還沒來得及反應過來的時候，奇蹟發生了！那位師姐又驚又喜的問小武：「三太子，你怎麼那麼久才來看我？你之前怎麼都不來告訴我叫我搬走？」小武閉著眼睛說：「那是因爲時機未到啊！現在你可以搬走了！」就這樣，一場尷尬膠著的場面，就在小武的聰明機靈下，輕易的化解了！哈哈哈！眞是不得不佩服小武的勇氣。

若是我們這種非專業的買方，不要說是法拍屋，就算是一般的房子，買來之後才發現卡個租約在那裡，而且承租的房客又請不走，那就眞的是麻煩大了！因爲，**一般有規定，「買賣不破租賃」**，就是說，就算房子已經易主了，但也不影響在裡面租房子的人所有租賃上的權利。

民法第四百二十五條規定，「所有權的移轉不破租賃」，意思就是說，如果先有租賃契約的成立，並且房客也搬進去居住了，即使屋主之後將房子賣給他人時，房客仍可以繼續居住，其權益絲毫不受影響。新的房屋所有權人也自動變更爲新的房東。

民國八十八年，新修正的民法第四百二十五條，對適用範圍作了限制，將不定期租賃契約及逾五年定期租賃契約而未經公證者排除在外。換句話說，如果所簽訂的租約是不定期租賃契約，或是五年以上的定期租賃契約但卻未經法院公證者，房客就不可以用「租賃契約訂約在前，並已經搬入居住」爲理由，對抗新的房屋所有權人。這個修法主要就是爲了解決「假租賃」，尤其是法拍屋中的「海蟑螂」情形而設置的。

不過，讀者要知道的是，民法和消費者保護法大多以保障弱勢和消費者爲主要立意，所以承租的一方和消費者受保護較爲嚴密。房東或屋主一定要懂得保護自己，在買賣前一定要問清楚是否仍有租約存在？或是有其他人在房子內設戶籍？這些資訊也都可以付費上去法拍網站，上面的資料都會載明該屋點交或不點交？以及是否仍有租屋者居住在內？並且要求附註在買賣合約書中，要求屋主交屋前，把房子清空，做爲交付尾款的條件。否則，裡面你不知道是住著什麼三教九流、三頭六臂，這下子就眞的是「天長地久有時盡，租約綿綿無絕期」啦！

第8堂課：如果你是購買預售屋

「預售屋」是看不見的未來夢想。所以購買「夢想」時，應該要注意一些事項，以免夢想實現後，卻發現跟想像的差距過大，讓人無法接受！購買預售屋，一定要注意以下幾點：

1. 廣告不實。

預售屋的廣告與實品不符，經常是買賣糾紛中最常見的一項。那麼，該怎麼樣預防呢？首先當然就是要選擇有口碑、有品牌的建商預售屋，因爲成立品牌十分不易，好的公司會愛惜羽毛，因此消費

者較有保障。

此外，就是對於你應重視的部分，比如說房屋面積、公設等，最好是能夠在購買合約上白紙黑字的註明清楚，包括罰則等，都要考慮到，並記得將樣品屋或是廣告DM留底、存證，以保障自己的權益。

我結婚時購買的「綠葉山莊」就是預售屋。那時候因爲沒經驗，發生了一件爆笑的事！我們去看樣品屋時，是位於汐止，所以我們一直以爲房子在汐止，也認爲汐止是未來會增值的地區，也就是預售屋的工地所在地。在開工到完工之間，我們還去參觀過工地好幾次，根本沒有注意房子的所在區域的問題。直到要邀請朋友要來參加喬遷派對時，朋友問我們新家地址，我們才翻產權找地址，這才發現，我們買的是基隆市五堵區。基隆與汐止的地價，一坪差不多有三到五萬的差距！當我去詢問預售屋的代銷公司時，這位「妙先生」居然回答我：「樣品屋的位置確實是在汐止，但是你只要雙腳往右一跨，就越過了汐止的邊境，到基隆去了啦！」我聽了他的回答也只能笑笑他的妙論，畢竟這是我們自己的疏忽，沒有事先問清楚，預售屋蓋的地址到底是哪裡？

2.無建築執照即銷售。

有些建商尚未領到建造執照就先偷跑、先賣，爲的是先得到一筆資金方便周轉。沒有建照的建築，這個房子的謄本、產權就無法拿到，就等於買到還沒有產權的建築物。所以，沒有建照的預售屋，絕對不能購買，一定要察看有無建造執照。

3.開工、完工日期不確定。

購買預售屋時，萬一建築商建造執照遲遲未核准，或是土地有糾紛、跟銀行貸款或融資未談妥，以及銷售情況成績差，就會發生遲遲不動工的狀況，這通常是因爲動工的資金不足；另外開工之後也可能因爲碰上天候不佳、或是建築材料進貨的速度、以及建商本身資金不足、出現設計不良的問題，讓完工日遙遙無期。也曾有建造過程中發生公安危險，被政府勒令停工等等，這時候，就會成爲一個永遠蓋不完的工地，或是完工日期一再拖延。因此，除了我再三強調的要選擇有信譽的建商之外，也記得要在購買契約上注意一下是否載明開工、完工日期以及未如期開工、完工時的罰則或補償方法爲何。

我有一個朋友，因爲先生調職，於是賣了台北市內湖區的房子，購買了一間新竹的預售屋。沒想到，預售屋一再延期交屋，以致於台北原本住的房子已經賣出，交屋的時間到了，她的新房子卻還沒有蓋好，面臨無家可歸的慘況！最後迫於無奈，只好先在外面租屋解決居住的問題，經由多次協調，最後建商則勉強清出一間房子讓她先放置家具，搞的灰頭土臉、十分辛苦。

我這個朋友不知道，她其實是可以要求建商賠償的！在這種情形下，負責任的建商應該要將租屋所花費的錢賠償給買方。我聽過一個案例是，建商因爲颱風延誤了交屋時間，最後連買方住了一個月的飯店費用，都按照發票金額賠給買方喔！

4.付款方式不合理。

為什麼人家都說「買預售屋風險比較高」？主要的風險其實就在付款的部分。因爲房子尚未蓋好，所以消費者通常會在談妥購屋時，先付一筆訂金，然後在簽約時再付「簽約款」——總價金的一成。再來就是「工程款」，有可能分五筆、十筆，或是更多。建商邊蓋房子邊收款，當然，工程款的期數跟你的付款能力有關，期數越多對消費者比較有保障，你可以監督建商的施工進度，一旦有問

題，也可以及早發現、止付，萬一有損失，金額可以相對減少。

5.簽約內容僅有利於建商。

例如說，有些預售屋的合約上會註明，買屋者拖延、遲付款甚至不付款的時候，買方要付滯納金、或是房子可列爲法拍、或交由建商收回，二次售出。但合約上卻沒有列出建商違約時的罰則及責任。這就是簽約內容僅單方面有利於建商，是「不平等條約」。

另外還有像是建商「指定貸款銀行」，消費者不能自己選擇貸款利率較低或是利於自己的銀行，這也算是一種「有利於建商」的合約內容。通常買預售屋時要多多注意，如果一旦有這種單方面有利的合約內容時，你可以當場指出來與建商討論修改，或是以此爲殺價內容爭取自己的權益。

6.不能取得使用執照，以進行產權登記。

預售屋蓋好之後，它必須要通過安檢測試、消防測試等等，例如不計入容積率的陽台，不能外推、不可以有違建、加蓋等情事、也不可以跟原先建築設計有出入等等。如果有關單位在勘查的時候，沒有通過，那麼建商就無法取得使用執照，消費者就拿不到產權，無法交屋。

7.變更產權登記。

產權變更雖然較少發生，但是還是要注意。在買預售屋的時候，要注意當初說明的產權登記，是否跟權狀相符合。「建物標示部」的主要用途是否就是你當初所要買的用途，如果你發現「營業」變「住家」、「頂樓」變「瞭望台」、「一樓」變成「停車場」等等，你的權益就受損了！

前一陣子，某位知名男藝人就曾經買過一間頂樓加蓋的房子，結果賣出的時候，拿出房屋謄本一看，才發現，他明明花大錢買的是「頂樓」，登記的卻是「屋頂突出物」！「頂樓」與「屋頂突出物」價錢差別極大，「屋頂突出物」大約只能算三分之一的正常房價，三十多坪的面積算下來，損失非常慘重！

8.建材設備以同級劣等品替代。

這一點在交屋時很容易遇見，同樣是大理石來說，就分許多等級、顏色、花紋等等，不好的建築商很容易偷工減料、欺騙消費者。最好的辦法就是白紙黑字註明清楚，或是將樣品屋、廣告都拍照存證，以防將來建築廠商不認帳。（詳細情形可詳見「交屋篇」。）

9.停車位產權歸屬。

現在的停車位都是法定車位，所以基本上已經沒有產權的問題，有的會含在公設當中，有的有獨立產權，如果你不想要買車位，可以直接跟建商或代銷公司洽談。

10.夾層屋違法使用。

有些建商在推銷挑高的建築時，暗示你在房屋裡面可以做夾層屋，政府管不著。但這在台北市現在是違法的，只要有人舉報你，政府就可以強制拆除，不管是在你家裡或是家門外。但是其實夾層屋在寸土寸金的台北市，還是很受歡迎，有很多建商推出銷售，所以是否要購買，一定要擦亮眼睛考慮清楚，以免觸法。

我在購買預售屋的經驗是：選擇信用良好的建商的房子，可以省卻很多不必要的麻煩，而且在景氣大好的時候，說不定還可小賺一筆。因爲，好口碑建商的產品，通常會引起消費者的搶購，因此，很可能在工程的第一期、第二期就搶購一空，隨著蓋好的房子越來越美，詢問度也會越來越高，這時，向隅者只好等待有人轉賣、或是建商將保留戶釋出。這時，房價就悄悄上揚了！我就曾經遇過有

口碑的建商所蓋的預售屋。我在開工前去詢問，一坪賣價是二十八萬，但因爲銷售太快速，二個月後一坪的賣價就已經爬升到一坪三十二萬，等到房屋落成，一坪已經漲到三十八萬元了！許多當初只丟下訂金的買家，連第一期的工程款還沒付咧！就現賺一票啦！

第9堂課：如果你是購買中古屋

中古屋（成屋）一般比較大的爭議，多是「使用坪數」上的問題。房屋仲介跟你說：「使用一百坪、庭院有二十坪！」眞的請設計裝潢師一量，才知道使用坪數沒有這麼多。實際上，**房屋仲介廣告有許多不得記載及應記載事項**，不可記載的部分就有「使用或是受益面積」等等。所謂「使用或是受益」面積，就是在產權上雖然不屬於你、沒有登記在房屋權狀上，但是你可以使用，比方說屋主賣給你時的頂樓加蓋、不算在房屋坪數裡的庭院、公用的停車位等等，雖然產權不在你名下，但是賣方和仲介公司都告訴你，你擁有使用的權利。

所以，若是廣告或不動產說明書有使用上的爭議，那你們可以請仲介向屋主商議將多付的價金退回，但要確定你們當初簽約時有沒有白紙黑字寫出你買到的所謂「受益面積」是多少？不能只是籠統的說法，例如：頂樓增建約二十坪等等，一定要寫明具體坪數，丈量坪數可以請仲介幫忙。

另外就是要注意全新裝潢的房子。

我曾經聽過最不可思議的一個案件就是：朋友買了一間號稱名師設計全新打造、裝潢美輪美奐的中古屋，等到交屋才發現，「馬桶」是假的！根本沒有水管！電燈沒有通電，因爲根本沒線路！浴室的排水口只是做做樣子，下面是水泥！很誇張吧？

經過協調後，屋主說了一句我認爲超經典的話：「當初不是說了，這是樣、品、屋、嗎？」果然是樣品喔！沒有一樣東西是眞的！結果，當然是對簿公堂啦！所以看房子眞的是要看仔細、挑清楚！要知道室內幾坪？主建物有沒有含樓梯間？店面一樓主建物含不含騎樓？權狀十八坪，室內可以用到的說不定只剩下一半而已！爲了避免交屋前後不一樣，事前準備功課一定不可少！

第10堂課：殺價的藝術

買房子最重要的一個藝術就是議價！你看過名演員李立群的軟片廣告嗎？仲介業者將他的廣告詞改成一套殺價詞，十分有趣！

天生萬物以養人，人無一物以報天，

殺！殺！殺！殺！殺！殺！殺！

買東西要殺價！買房子當然也要殺價啦！

我說……人爲什麼要買房子？

人活得好好的他爲什麼要買房子？

喔……到底是爲了要回一個溫暖的家！

回什麼家？回自己的家！回自己和大家生活的家！回經歷和體驗的家！

回感受深刻的家！回悲歡離合喜怒哀樂的家！

怎麼樣買房子殺價才叫好呢？

殺得漂亮、殺得瀟灑、殺得清楚、殺得得意、殺得精彩、殺得出色、殺得深情、殺得智慧、殺得天眞、浪漫、返樸歸眞！殺得喜事連連、無怨無悔！

殺得恍然大悟、破鏡重圓！

殺得平常心是道！殺得日日好日、年年好年、如夢似眞、止於至善！

我的天啊！用什麼方法殺的這麼好啊？

啪啦！看完這本書！它抓得住我！一次OK！

要訣1.要殺價，先要知道如何估價

一般書上教導的不動產估價有三法：「成本分析法」、「收益還原法」、「行情比較法」。淳淳則跟你分享「小市民估價三法」：電腦、電話、電視機！

什麼意思呢？當你收到不動產投資的訊息，比如說，有房仲業者跟你介紹一個投資標的時，你可以馬上上網查詢各家仲介業網路，看看拍賣、以及自售各區域的行情和單價。不過，要記住喔！這些通常只是屋主的開價，並非成交價。

再來，你要馬上打電話到位居該區域的仲介公司去，直接找店長進行估價，或是請你熟悉的銀行代爲估價。但是，要得到快速以及正確的行情，還是得多打幾家區域內的仲介公司詢價比較保險。這樣的話，在出門看標的物之前，你就已經對這個物件，以及當地的行情非常了解了！

最後，就是平常就要多注意電視上有關房地產的談話性節目，或是房地產的新聞報導。有些區域，還可以從電視上看到房仲專屬頻道，播放一些房地產物件的推銷廣告，像是只有台北縣市才看得到的「台北夢享家」不動產節目，淳淳每天都要看看有沒有適合我買的物件呢！有了這些行情概念及資訊，你就可以增加自己的判斷力，減少不必要的空跑。

看房地產時，心裡有價位的概念，才不至於到了現場受到仲介業務的促銷感染，而下錯判斷。要知道如何出價，才能估算利潤。

要訣2.殺屋主

A.售屋動機要了解，一切缺點別人說。

通常，屋主因爲和房子有了感情，房子就像自己的孩子一樣，怎麼看都是順眼、都是寶，即使房子不通風、格局不佳、甚至長壁癌，或是房子天花板低、讓人覺得有壓迫感等等，但是因爲他住久了、習慣了，感覺不到房子的缺點，所以通常會覺得自己的房子比帝寶還値錢，只不過不叫帝寶罷了！所以，殺價時千萬別直接以「我」的開頭來挑剔房子的缺點，你可以說：「聽別人說這一棟……」「有朋友說這附近……」等等的方式，不要直接說：「『我』覺得你這房子很……」

不過，屋主售屋的動機卻是要瞭解清楚，是要換屋、賺錢、缺錢、還是移民？是房子有問題、還是租不出去？你在了解屋主的售屋動機後，就找機會見縫插針、把握機會猛攻，說不定會有意想不到的結果喔！

此外，跟屋主攀關係，或是交朋友，都是可以試試看的！我就曾經在買房子時，大方送給屋主我公司生產的騎馬機，連秘書都送喔！還答應去教她瘦身。結果眞的一坪少了一萬元，總共降價七十餘萬元耶！

另外，可以打悲情牌，把自己的困難眞實的說出來，尤其適用在買低價位的房子上。年輕小夫妻、或是剛創業的年輕人買屋是很受用的；也有人打孝親牌，帶著小孩、老人，穿著拖鞋、T恤，表明自己實在是資金有限但誠意無限，也是可能感動屋主的。

B.選對key man 來議價，千萬別殺錯對象。

永遠記得要跟key man 談價錢，也就是有決定權的人。千萬別殺價殺錯了對象，可能登記的名字是先生的，但決定權卻在太太身上。像我有一個朋友要賣房子，結果，幫她賣屋的仲介看到名字登記的是先生，於是在談價錢時把先生抓去跟買方談到三經半夜，結果太太在外面逛街，要等先生來接，左等右等等不到人，火大了打電話罵仲介：「我先生的印章都在我身上，你不放他來接我，談個屁啊！」

有時候，雖然房子登記的是兒女的名字，但是其實老爸才是當初付錢買屋的人，又或是房子登記在太太名下，但家中其實是先生掌財。所以，談價錢一定要搞清楚狀況，才不會殺錯對象！

C.狠狠一刀砍下去，心態要強不設限。

殺價千萬不要心軟。可以先出一個比心中底價稍低的價錢，開始談起。一旦出價後，盡量就不要浪費時間再去抬價錢。因爲一直拉抬價錢，對買屋者來說，將來要出售時的利潤空間就減少了，而且房子將來還是有可能因爲一些因素跌價啊。

D.現金支票放眼前，理性分析感性談。

通常，訂金付得越多，展現的誠意越足夠，對於這樣的買主，有時候屋主就會放下最後一道防線！我有一次就是提了一百萬的現金，放在屋主面前，談一個六百萬的案子；還有一次，買五千六百萬的房子，我一下就開了一張八百萬的大額支票！這種方式，尤其是對於缺錢的屋主很有效。看到成堆的現金擺在眼前，就會很心動，有時候對於底價就不再那麼堅持了，因爲屋主也很怕錯過了你這一個買家，下一個幾時會出現？如果短時間內無法賣掉，或沒有人出更高的價錢，他也會擔心，倒不如趕緊落袋爲安，上述兩個案例當然最後都順利成交了！

E.談好後立刻下訂、簽約。

一但目標鎖定，下手就要狠，不然可是會搶輸別人喔！同樣的，殺價一旦殺到你心目中的理想價錢，就要立刻簽約，三更半夜也不要嫌累！因爲有可能隔天早上屋主睡了一覺，頭腦變清楚了，到時候後悔、翻盤，那你苦苦的殺價可就前功盡棄啦！所以一定要趁殺價成功時立刻簽約，以免對方反悔喔！

要訣3.殺仲介

一般來說，房子看對眼之後，仲介會要求你要付出一筆斡旋金，通常是出價的百分之三，當作斡旋金，如果成交，就轉成訂金，不成交的話，仲介就會退還給你。因爲這十年來，斡旋金的糾紛高居買賣房地產糾紛的第一名，所以淳淳老師建議你可以使用內政部版制訂的「要約書」，不用眞正付出金額，但是一旦反悔，還是得付出總價的3％爲罰金。如果要付斡旋金，淳淳我建議你還是少給一點，給1％就好，或是不要高出十萬元，以免萬一後來發現房子有缺點、不想買了，斡旋金可能會被對方沒收，那樣一來，損失也不會太大！

通常，雙方在買賣房屋時，價錢上一定會有一些拉踞，不一定會賣到屋主要的價錢或是買方出的價錢，因此有一部分的空間就在仲介費用上。比方說，你買一間房子，賣方想賣一千萬，扣掉仲介費用是四十萬，買方實拿九百六十萬元。但是，你只願意出九百八十萬去買，那麼，如果仲介願意少收賣方的二十萬仲介，只收二十萬的話，買賣就成交了！

仲介的行情，通常是是買方付百分之一，賣方付百分之四。現在政府規定，仲介費用不得高於房屋總價的6％。所以，如果碰到不肖的仲介，以兩邊欺瞞的方式多收取仲介費用，一旦被你知道，你是可以要求他退還給你的！雖然，比較知名品牌的仲介公司規定要有3％的仲介費用才接案子，但是像其他小的仲介公司有時候爲了成交業績，就願意犧牲仲介費用。比如說，有一次我看中一間房子，我出價一千五百六十萬，但是屋主要一千六百萬（含仲介費用）才願意成交，中間有四十萬元的差價。於是，有一家小規模的加盟店願意放棄中間四十萬的仲介費用，只收我這個買方十五萬六千元的1％費用，最後我們就以一千五百六十萬屋主實拿的買賣價成交了！

通常，殺仲介費用，多半在交易已經進行到70％的時候，還有在月底的時候最有效！因爲仲介業務已經付出了努力，眼看臨門一腳，這時候殺仲介費用就比較容易成功。而月底的時候，是他們結算業績的時候，這時候他們因爲急於成交，也會比較願意退讓。否則，如果你在一開頭就先殺仲介，業務員覺得沒有賺頭，他就懶得理你了！

我還有一次找朋友買屋時，遇到一個很瞎又不專業的仲介，你知道他有多瞎嗎？帶我們去看房子，不僅鑰匙帶錯了、連地址都搞錯！真是誇張！我朋友覺得他服務不佳於是打算氣氣他，在簽完約後，我用「三十五萬的現金」或「四十萬的九個月支票」兩種方式給他選擇來殺仲介費，結果他只好苦著臉接受三十五萬的現金，讓我殺了五萬元！本來嘛！仲介費用沒有規定用什麼方式付款啊！最後，我當然還是會留給他一些希望，我跟他說：「下一次如果你進步了，我就再找你買(或賣)喔！」這也是個和他們保持良好關係的好方法。

最後，記得仲介費用也是要開發票的！有品牌的仲介公司會自己開給你，沒開給你的，記得跟他要喔！

要訣4. 殺裝潢費

多少的裝潢費用算是必要成本呢？通常來說，裝潢分成筋、骨、皮，也就是「水電、泥牆、油漆木工、壁紙壁布……等」。通常，你可以看哪個部分計價太高，可以將那個部份分割並找不同的人承包。像我有一次，看了一個設計師的報價，其他都還好，油漆的費用卻高達十八萬！於是我便要求：「油漆的部分我自己找人漆好嗎？」結果我只花了二萬元，找設計系的同學、還有我自己的學生幫忙粉刷，就搞定了！

以豪宅來說，大約估算一坪八萬到十萬的裝潢費；基本型的新房子大約一坪三～五萬元；而超過二十年的老房子則大約每坪要多花費三千元的水電管線更新費用。套房的裝潢費用通常比較高，一坪約估五萬～六萬。而設計費通常爲總預算的8%～15%不等，看設計師的知名度不同價錢也有高低，而通常設計師還會收一個「監工費」，約總裝潢費的5%。

第11堂課：知己知彼，破解常見的仲介手段

要知道房屋仲介公司的角色爲何？他的立場是什麼？不入虎穴、焉得虎子，想揭開這層面紗，最好的方法就是融入他們！

當我買了第十二間房子之後，我開始擔心我買到的房子會不會讓我血本無歸、套牢在房市上？於是，我要求一位房地產公司的老闆幫忙，我對他說：「既然我要和你做長久的生意，跟你買很多房子，那麼，你可以答應我一個要求嗎？我想要喬裝易容到你們公司上班！」

當我提出這個要求時，這位老闆一時之間愣住了，他以爲自己的耳朵聽錯了！他知道我很忙，平均一天要接四、五十通的電話，另外還要處理繁忙的公司業務，他認爲我一定沒辦法做到，所以想了一下就答應我了！他說：「淳淳老師，我留我們公司最角落的位置給妳，讓妳可以確確實實不被人發現，但又可以明明白白的瞭解我們房仲業者與上門買屋、賣屋客戶的鬥智之戰！」

穿上陳敏薰般的套裝之後，我在信義區精華地段的仲介公司上了一陣子的班。這個經驗，讓我在買房子上有很大的幫助！因爲你必須要瞭解什麼樣的人可以幫你找到好房子？什麼樣的營業員可以幫你把房子賣出好價錢？基本上，我覺得一個房子就好像明星，仲介業者就是經紀人，房子是否可以創出高價，變成天王巨星，或是淪爲跑龍套的小角色，就看經紀人怎麼操作！

在仲介公司辦公室裡，我看到很熱誠的仲介，即使看到「櫥窗客」（就是駐足在櫥窗前看廣告的客人），也會迎上去熱情招呼，主動介紹案子和詢問客戶的需求。即使客戶回應冷漠，他也一樣笑臉迎人。還有一個測試仲介的方法，就是從仲介人員跟妳的互動，觀察他夠不夠積極主動。以我的標準，一個仲介介紹你買房子，一個星期應該要跟你主動聯絡三次以上，或帶你看至少三間房子，並且要細心的詢問你的作息，以免打擾到你。

我發現聰明的仲介，他會看出買方眞正的需求跟購屋實力，而不會浪費雙方的時間，通常他會花時間跟買方或賣方聊天、作朋友，你會覺得他是朋友而不是經紀人。但相反的，例如有一次我看到一個「二百五仲介」，竟然帶著客戶去看一間已經賣掉的房子，打開門看到裡面有人正在吃飯，還傻呼呼的喝問：「你們在這裡幹什麼？」連房屋的基本資料都弄不清楚，怎麼做個好仲介？

仲介通常會有很多促銷的手法，看多了之後，我也略知一二，每當我接到仲介打電話來跟我說：

「張姐，你來不及看的那間賣掉了！不想看的那間也賣掉了！」我心裡就很清楚其實他只是利用這個說法，造成我心中買不到的遺憾，以促成下一個案子的加速成交！

我也曾經跟著仲介去帶看，親眼見識到仲介打「假電話」的功力！他們通常會事先設定好請同事打假電話來，或是自言自語假裝接電話說：「啊！陳小姐，你要出八百萬啊？」然就就轉頭告訴準買方：「你看，已經有一個小姐要出八百萬了！妳出七百萬買不到的啦！」來拉抬價錢，造成很多客戶出價競爭的假象，其實都只是在自言自語而已！有一次，我就看到有一個仲介打假電話時，電話突然響起，當場穿幫，他只好很尷尬的說：「啊！電話怪怪的！好像壞掉了！」哈哈！很有趣吧？

在這段期間的觀察中，我把仲介分成兩類，一種是「阿甘型」的，雖然口才笨拙，長相老實，但是你可以信賴他；他的特色就是十分勤勞、不會說假話。另外一種「老鳥型」的，夠奸詐、夠經驗，他能夠把死的說成活的、黑的說成白的。如果你要買房子，你就要找「阿甘型」的，這樣你很容易探聽到賣方的底價；但是如果你要賣屋的話，勸你還是要找個經驗豐富的「老鳥型」，只有他才可以想辦法幫你賣出高價！哈哈，其實我們小紅帽也很賊吧！

破解1.「專任委託合約」和「一般委託合約」

賣房子的時候，很多屋主要委託仲介，第一句話就會被問：「您要簽『專任委託』還是『一般委託』？」很多人聽的霧煞煞，完全不懂是什麼意思，不過，通常是新人才會問這一句，要是老馬就直接簽『專任委託』了。其實，說的簡單一點，「專任約」就是委託給特定某一家仲介公司，或是某一位仲介人員替你銷售房屋，這個合約有排他性，一旦簽了「專任約」，屋主不但不能委託別人賣屋，連自售也不可以。而「一般約」則是不限定由誰賣，屋主可以一次跟多家仲介簽約，大家都可以賣這間房屋，各憑本事，屋主要自售也是可以的！

那麼，這兩種方式，到底哪一種對賣方比較有利呢？其實各有利弊。看起來，「專任約」只交給一家賣，客戶較少、賣出的機率較低。但是，它的好處在於，帶看房屋只透過一家仲介，比較單純，還有因爲肩負獨家而非得賣出的壓力，專任的仲介會格外賣力。如果是「一般約」，好處就是客戶較多，但房屋賣出的機率不見得較高，但是因爲仲介業者之間的相互競爭，成交時容易遇到其他仲介居中放話破壞，有時候反而不容易賣出好價錢。

房屋就像是明星，仲介就像是經紀人。當一個明星有好多位經紀人時，演出機會可能會增加，但是也可能最後落到沒有一個人幫你往上推的狀況，就變成有行無市，每天家裡蹲。因此，是否要簽專任或是一般委託，其實要看房子的條件、也要看仲介的功力！如果選到一個好的仲介，簽專任委託，可以讓他把一間條件好的房子賣出高價！但是如果房屋條件差，簽一般委託倒可以增加求售的機率。

破解2. 統一帶看 製造氣氛

仲介在勸服你買屋時，會使出渾身解數，因此，買房子時千萬不能只聽仲介的一面之詞，而衝動購屋。尤其是當你在投資房地產時，一定要記得，天下值得投資的好房子還很多，**絕對不要擔心買不到**！重要的是要了解自己到底有多少本錢？能買什麼樣的物件？然後做好把持自己的底線。

仲介在帶人看屋時，常用的招數就是「統一帶看」：一次帶好幾組客人去看，這樣可以製造「似乎有很多人搶購」的氣氛。厲害一點的仲介，除了告訴你這間房子有很多人在搶之外，甚至還會搭配演戲，製造搶購氣氛。

我認識一對仲介拍檔，年紀大的很高，年紀小的很矮，兩人身高差了大約三十公分，我私底下都叫他們「七爺八爺」。「七爺八爺」很喜歡以扮黑白臉的方式讓買賣順利成交，他們一搭一唱，演技精湛足以勇奪奧斯卡獎！

有一次，「七爺八爺」一起去談一個上億元的案子。這個擁有上億房地產的人，當然是見過大世面的，不是見錢眼開的一般人。像這種高總價的案子，對「七爺八爺」來說，當然是挑戰性十足。他們事先打聽到，想買房子的買主，非常在意房屋的風水和座向，於是在帶買主去看屋之前，就先安排了一位假風水大師，另外又安排了一對假裝想要買屋的假夫妻。

「七爺八爺」帶著想買豪宅的屋主一進入這間豪宅後，就偷偷打了暗號。於是那一對假夫妻也同時前來看屋，並且裝作非常喜歡這棟房子的樣子，在屋裡指指點點：「我的電漿電視要擺在這裡！」「我們的小孩房可以用這一間。」「老公的書籍和古董可以放在這裡！」這時候，假風水師也拿著羅盤出現了，他在房裡東走走、西走走，一下走到主臥房、一下走到廚房，最後在客廳坐下來。要買豪宅的這位先生，果然被假風水師吸引了注意力，專心的聽他怎麼說。假風水師清了清喉嚨，大聲的對那一對假夫妻說：「太太，你們帶我看了這麼多的房子，這棟房子坐北朝南，不但是龍穴，更是旺宅！不論誰住在這裡，肯定事業發展是前途無量，每天蒸蒸日上，家庭幸福平安，小孩健康長大，男主人不會有桃花、女主人也不會有外遇！」

假風水師一說完，假夫妻馬上問：「這間房子一坪多少錢？總價是多少？」然後就說要立刻去下斡旋金，並用最快的速度簽約。就在這個時候，「七爺八爺」只好裝出一副不得已的樣子，對著想買

的買主說：「糟糕，我們晚了一步！那麼很抱歉，那我們再去看別間好了！」買主一聽大急，馬上說：「那怎麼行！我的錢又不比別人小，爲什麼我買不到？這個房子也很適合我住啊，你看，廚房也夠大，我太太最愛煮飯了，等房子成交，我會請我太太好好煮一頓好料的請一位！」當然，最後那個買主買到了房子！就這樣，房子安安穩穩的賣出了，而且還是一個相當漂亮的價錢！因爲雙方都很高興，買方付了1％的仲介費用，賣方也付了4％的服務費！這件案子，最大的贏家，就是「七爺八爺」，難怪他們總是穩坐銷售NO.1！

投資房地產時，最好不要帶有任何的私人情感，也不要聽信任何的故事。從上面這個例子，我們可以知道，仲介人員可能會使用各種銷售手法賣屋，不管是誘導或是演戲，因此，千萬不要因爲仲介人員的舌燦蓮花而被矇騙。不論多麼喜歡的房屋，都記得不要衝動，多看幾次、多收集資訊，價錢對了才下手，以免上當受騙而不自知。

破解3. 用盡心思取得銷售委託

有一天，十幾個仲介人員在開會，他們正在討論一位令人頭痛的屋主，他非常難以溝通，有時候仲介人員明明已經到了門口，卻會被屋主趕出來。可是屋主卻非常迫切的想要趕快賣出這棟房子。你一定覺得很矛盾吧？一個想要趕快賣房子、把錢賺回來的人，爲什麼要將仲介公司擋在門外，不讓他們進來呢？這時候，有位業務員就說了：「這種陰陽怪氣的屋主最討厭了！與其伺候他，倒不如花時間開發別的案子，還比較輕鬆愉快！」

但是，有一位細心的仲介卻注意到，有一次老伯伯將他擋在門口時，他都會在門縫中看到一雙殘障人士穿的鐵鞋！同時，他也在樓梯的騎樓下發現一台行動不便者使用的輪椅。於是他推測，這家人中應該有一位行動不便的殘障者。在他走訪四周鄰居打探之後，終於得知，原來老伯伯有一位行動不便的孩子。他們家住在五樓，二十年前老伯伯搬來住時，孩子尚未發病，每天蹦蹦跳跳的；後來，孩子生病，行動開始不便，住在這棟沒有電梯的老式公寓，孩子上下樓都需要老伯伯背著。孩子年紀越來越大，老伯伯卻越來越老，逐漸的，他已經背不動孩子了！雖然他對這間房子有很深的情感，但體力卻已經沒辦法負荷。所以，老伯伯希望賣出這棟沒有電梯的舊房子，換一間有電梯、輪椅可以推進推出的房子。

這個仲介人員發現了這個門背後的心酸故事之後，他靈機一動，決定要用「同理心」來打動老伯伯的心。他想到在夜市或鬧區常會見到賣口香糖的殘障人士，於是，他跑到西門町，問賣口香糖的殘障弟弟：「兩個小時內，你可以賣多少口香糖？」弟弟說：「好的時候有三、五百塊，不好的時候可能才一百多塊。」這位仲介就對他說：「弟弟，我給你一千塊，請你假扮我的弟弟。你什麼話都不用說，我問你什麼，你都只要點頭就好了。」

當他們到老伯伯家後，老伯伯還是如同往常將門開個小縫，看起來一副很兇、但卻又怕受傷害的樣子。當老伯伯正準備要將仲介趕出去時，那個仲介趕緊說了一句：「老伯伯，我弟弟行動不方便，可不可以先跟你借個洗手間？」老伯伯聽到之後，便將門縫打開了一點，把頭往外伸，當他真的看到行動不便的孩子時，他就自然的把門打開，讓他們進去了！

仲介趁「口香糖弟弟」在上廁所的短短時間裡，迅速的瞄了一眼這間房子。黑黑、舊舊還帶點霉味的客廳，放著孩子的枴杖和鐵鞋。這間五樓的公寓，對於行動不便者來說，的確是不適合。而且，

住在這裡的人，並沒有利用房子的格局善加設計。於是，他開始說服老伯伯，把這兩房一廳的房子賣掉，再買一間有電梯的新房子。而原本這一間兩房一廳的小公寓，則可以整理成為一間適合小夫妻居住的新房。

當口香糖弟弟上完廁所後，這個聰明的仲介已經得到老伯伯的認同了。老伯伯和所有賣房子的人一樣，都覺得自己的房子是黃金屋，但是和這個地區的行情、屋況一比較，老伯伯提出的價錢偏高。聰明的仲介先安撫老伯伯，告訴他盡量幫他賣到預期的價位，希望伯伯可以簽下合約，否則每個人來看，但不一定會買，除了會造成屋主生活不便之外，也會拖延房子成交的天數和拉低價位。老伯伯在聽完仲介的說明後，覺得有理，於是這位仲介就順利的簽到了一張代售的「專任委託」合約書。也就是說，他成功的開發了一個新的物件！

在努力銷售後，過二個月就順利成交了，搬家時仲介也來幫忙搬東西，可能是良心不安，但還是鼓足勇氣說了「口香糖弟弟」的由來，老伯伯聽了沒說什麼，還是一個勁的搬東西、張羅搬家工人搬上車。等到都搬完了，仲介心想：完了！這下要被罵了！沒想到老伯伯不疾不徐地說：「成交才是最好的服務，我弟弟在新店有一間房子要賣，我看也要麻煩你了！」就這樣這位仲介又多了一位老客戶。

買、賣房子，是一種行銷手法，除了要比別人聰明之外，也要比別人用心。買房賣房時，如果找的是這樣聰明、有耐心，而且善於觀察人性的仲介，就是投資地產最好的利器！跟他合作，你一定可以拿到別人拿不到的案子，賺到別人賺不到的錢囉！這是一個眞實案例，發生在一位加盟體系TOP1的業務員身上。

破解4. 說服屋主降價的技巧

仲介小張準備到陽明山的仰德大道，向屋主回報銷售案子的進度。眼看著屋主和他簽約的銷售期限即將到期，奈何價錢太高，還是乏人問津。小張先用他的電腦把案件做了整理，之後在屋主看得到的沿路電線桿上、信箱，都放上他跟屋主回報已印製一千份、其實只印製了十份的海報、DM，讓屋主感受到他是多麼用心！接著，小張將他的雙B名車，停在離屋主家山腳下一百公尺處，然後算準屋主開車經過這個路段的時間，拿出他的腳踏車，再將準備好的礦泉水灑在額頭上，讓自己看起來像是汗流浹背、剛從陽明山下騎腳踏車上來的樣子。

在屋主的車距離還有十公尺時，小張故意將車子騎向路中央，就像他預測的一樣，屋主果眞在他前面停了下來，搖下車窗，很驚訝的說：「小張，你在這裡幹嘛？」小張裝作一副不知情的樣子說：「陳老闆，你每天都工作到這麼晚才回來啊？眞是辛苦了！」接著他滿臉堆滿笑容、誠懇的解釋：「我想陽明山有很多有錢人，可能會騎腳踏車或是慢跑，所以我希望可以開發到跟你一樣有品味也買得起別墅的鄰居，所以我在這裡騎腳踏車試看看地毯式的開發方式啊！」

這一招果然奏效。原本陳老闆正覺得小張沒有專心賣他的房子，準備改找別人來賣，但一看到小張「辛苦勞累」的表現，於是勉爲其難的讓小張進入家門報告狀況。小張的目的，其實就是要說服屋主降價，因爲市場上的行情比他的開價低了六、七百萬，所以房子簽約許久都賣不掉。小張把這一年陽明山區成交的行情，做了一份整理報告給陳老闆，並且抓準「時間就是金錢」這個著眼點，來說服事業繁忙的陳老闆，不要浪費太多的時間在尋找買主上。因爲多拖一個月，這麼大筆的金額，光是利

息就損失良多！

當然最後，小張還不忘補上一句：「為了展現誠意，我願意用我的仲介費用來抵！」

陳老闆是生意人，很快就被小張的「誠意」說動，總價一下子就降了三百萬。小張知道，光這三百萬，就足夠讓合適的買家出現了！否則，四、五個月內，要出現買家是不太可能的！

說到這裡，我要提醒你，一個買賣的眞眞假假、虛虛實實都不是你要買房子時所要考慮的，你該考慮的是要用什麼價錢買、用什麼價錢賣，這個問題比什麼都重要！

破解5. 以低報高，假投報率引君入甕

市場上有一些店面或是出租套房，明明沒有那種行情，但是卻可以出租到高出行情的租金，你相信嗎？

這種作假手法就是：明明當地的租金行情一個月只有十萬，仲介卻對你報告說可以租到二十萬，還找了一個假租客、做了一張假租約給你看！投報率一算，不得了，12％耶！結果你當然二話不說，就把「黃金屋」買了下來！之後，假租客三個月租約到期，人搬走了！你抱著之前的價錢出租，結果，租了老半天也租不出去，這時，你才恍然明白，當初那個假租客是刻意配合三個月來做戲給你看的。這時候你該怎麼辦？要轉手賣出，只好用和前一手一樣的騙人手法：「我便宜租你可以，但是你要跟別人說我租你二十萬喔！」冒著犯法的風險，騙下一個受害者上當解套？還是認賠殺出呢？

其實，以低報高，這是老問題了！不管是坪數、使用面積、或是租金、裝潢，這都是仲介業者和屋主經常使用的伎倆。但，一般人卻很少眞正去查證。其實，想要知道行情價，除了看租約以外，更

要看屋主是租給誰？租期多久？順便調查附近租金行情、以及跟承租方事先接洽等等，都是避免成爲假租約、假投報率的下一位受害者的好方法。

其實這種案例眞的太多了！像有一批香港人，就是買了一些巷子裡和馬路邊的店面，以開「茶餐廳」的方式營業。因爲一時貪心，跟別人謊報自己店面超高租金之後，答應買主會繼續承租做生意，就把店面給賣了，賺了近千萬的差價。沒想到，現在生意越來越難做，租金又被自己報得太高，把自己陷入一個尷尬局面：萬一現在不租，新屋主會覺得被欺騙了；繼續做的話，租金成本太高！於是不知道該怎麼辦才好！

總之，對於仲介提報的各項數據都要小心求證，謹愼訪價，以免成爲呆頭鵝、肥羊客！

第12堂課：成功投資者的小細節

細節一、小恩惠、大回報

記得有一次，我到天母去，偶然的機會下看到一間純住家的高樓層大樓，我想頂樓的視野應該很無敵，我很喜歡這種房子，因此就走進大廳，順口跟大樓管理員聊了幾句。我拜託他說，若那一棟房子的高樓層有人要賣，麻煩請通知我，到時候我會包一個大紅包給他！後來，我還眞的買到了這棟頂樓、景觀超好的房子！我也眞的包了一個不小的紅包給他！

對我來說，花一點小錢，不但買到第一手比市價便宜的房子，還省了幾十萬的仲介費，不是很值得嗎？所以，我只要覺得這棟大廈很棒，就會主動請我們的『買屋天團』去跟管理員或附近的商家聊個幾句。還有社區主委、鄰長、里長，這些人物，他們的售屋資訊，常常也是第一手的喲！

對於經常幫忙我的仲介，我也絕不吝嗇。送機票、請他們出國度假、送我公司的塑身產品、或是一罐貼心的維他命，眞心的謝謝他們幫忙我。這些小小的舉動，往往都會得到第一手的消息回報！這其實就是經營人脈的一種方式，把大家當創業伙伴，一起打拼賺錢，不是一件很開心的事嗎？

細節二、短期投資不戀棧、長期投資不亂放

靠時間來賺錢，除非是前景眞的有十足把握、百分之百的看好，否則，在我來看，等待就是浪費金錢！切記，浪費時間是賺錢的大敵！

小馬和小謝是好朋友，兩人一起買一層雙併的電梯華廈，住在一起當鄰居，可以投資兼自住。沒想到，兩個人因爲競爭公會會長職位反目了！小馬於是賺了一百萬便賣掉房子搬走了，不想再跟小謝當鄰居；而小謝卻想現在賣不划算，等捷運蓋好才賺更多。過了幾年，果然小謝的房子漲了五百萬，這時小謝不免要嘲笑小馬，脫手太早沒賺到！沒想到，小馬卻謝謝他說：「幸好是你讓我當初賣掉了房子，我一買一賣、兩買兩賣，現在我已經有十間房子了！」

投資房地產時，很重要的一個觀念是：如果你手上有一千萬的現金，卻只用了五百萬在投資上，剩下的五百萬不叫做「老本」、「預備金」，那叫做浪費！買了標的物、有了預期獲利，就要了結，再去轉戰其他物件，不要留戀在美麗裝潢和豪宅的優越感裡。房屋的老舊、裝潢的折舊、物價的漲幅、環境的差異……等等，都會一點一滴的降低你的獲利，所以千萬不要傻傻的等待喔！

但是，一旦你鎖定長期投資的標的，就不要輕易的賣掉！比如我有個民生東路路邊的公寓，屋齡已經四十年了，我的規劃就是等改建，才會獲利了結。雖然有仲介跟我說，已經有人出價，現在賣現賺二百萬，問我要不要賣出？我都堅持不肯放！因爲我知道，獲利跟等待，這次我應該選擇長線投資、耐心等待。

短期投資不要戀棧，長期投資也千萬要堅持，否則，炒股變成大股東、買房投資買成收租公，這下就糟糕了！因爲，這就是「被套牢了」！除非原本投資的目的就是要置產、出租，或自用，否則千萬別這樣做！

但是，有時候，我們會遇上即使想把一些賠錢貨房子認賠賣掉，也沒辦法出手的狀況！記得十多年前我同學買了淡水新市鎭的房子，那時捷運即將通車，到處一片漲聲響起，於是四十二坪的房子，一坪十五萬，我同學就省吃儉用給他買下去了！結果，淡水線一通車，房價就跌！跌！跌！因爲附近空地太多，大家拼命蓋新房子，一棟、兩棟、三棟，一下子他們家就變成圍在其他的高樓大廈中了！一問之下，附近新房子居然一坪只要十萬元，還附送全新裝潢！算一算，因爲當初貸款八成，要賣掉的話，還要賠錢給銀行呢！結果，只好當收租婆啦！

因爲，即使你賠錢要賣，除非你是附近最便宜、屋況最好的，否則，以附近的成屋加上預售屋，要賣的房子起碼超過五百戶！你只要想，一旦你要賣，就會有其他的競爭對手，房價自然高不起來！所以，買屋前也要估計一下附近的供給與需求，餘屋太多的區域、空地太多的待開發區、空戶太多的大廈……這些狀況下，除非你是要自用或是考量長期抗戰，否則當心被迫變成房東喔！

細節三、投資客也要有道德

跟投資客買房子，最怕的是買到中看不中用、空有裝潢卻不實在的裝潢屋。所以最基本的，一定要觀察水錶和電錶，如果是屋齡超過二十年以上的中古屋，最好請一位和你熟悉的水電工，或是找這房子附近的水電行，請工人來看一下整個房子的電路、水管的管線是否更新過。如果有的話，就恭喜你買到一間經過細心整理的房子，如果沒有，就要在房子的保固上要求。例如一般房屋公司對於漏水

的保固是一年，在這一年中如果你買的房子有任何漏水的問題，不論是天花板、牆壁或是水管，房屋公司都會幫你找到投資客屋主來處理。

投資客也有分短線或是長期經營。走短線者，通常只在房地產上漲時進場，不可能對你有售後服務；房地產看跌時，他就會尋找其他的投資標的，例如股票、債券、期貨等等。這樣的投資客不在乎在仲介業者對他的口碑，是屬於「打帶跑」型的。

但是長期經營的投資客就不同了，仲介對他的評論，會影響他將來買案子的順利度，這種是屬於永續經營型的。如果一位仲介業者幫他賣房後，卻每天被買家追著跑，抗議漏水問題、房子掉漆等之類的小事，對仲介業者來說，那可是麻煩到家了！這樣的投資客，仲介業者也是不敢跟他合作的。仲介爲了怕麻煩，就會少報點案子給他，免得破壞了自己的業績、也會被公司盯上，更影響公司整體的商譽。有些投資客若是素行不良、記錄不佳，也會被仲介公司列爲拒絕往來戶。若想在房屋市場永續經營、案源不斷，投資客是需要有商業良心的！

Chapter 10

理財富媽媽實戰演練篇（一）：

窮弟弟30萬買屋 賺到人生的第一桶金！

人們由富變窮的三種特徵：1.他們眼光短淺。2.他們渴望即時回報。3.他們濫用複利力量。——「富爸爸窮爸爸」作者 羅伯特

說到房地產，很多人可能第一個問題就是：沒有資金怎麼進場？事實上，很多人以為投資房地產要準備一筆相當大的資金，門檻比較高，其實並不一定。因為區域、房價的不同，購買房地產所需要的資金也不相同。在銀行銀根較鬆的年代，有的房子可以貸款到九成、甚至更多，購買者只要找到合適的標的物，甚至可以不用準備自備款，就可以利用房子本身的價值及個人信用輕易貸到全部的款項。

現在，銀行銀根緊縮，超貸已經非常困難，但是其實只要可以貸款超過八成以上的房子，都還是有投資的價值，這純粹要看你選擇的房屋物件。

投資房地產究竟要準備多少錢？其實不如你想像的那麼多！我弟弟在我的鼓勵下，買第一間房子時，是個月薪才二萬元、工作十幾年下來不過只有三十萬元存款的窮小子！然而，我卻幫助他在短短幾個月內，藉由二樁房地產的買賣，把三十萬變成了一百三十萬，足足賺了一百萬！而且，我不說，你一定很難相信總共才三十萬元存款，竟然可以進行二樁房地產買賣吧？

月薪2萬的低薪族就可以投資房地產！

我弟弟是一個不愛錢財、不愛理財，長到三十幾歲、身上的積蓄卻連一台國產新車都買不起的人！這樣子的年輕人，走在路上，比比皆是！很多年輕人甚至更慘，不要說沒有存款了，還可能揹了滿身的卡債！難道他們不想要財富嗎？難道他們不嚮往有錢人的生活品質嗎？答案當然是否定的！

這主要的關鍵在於，多半的年輕人，都只懂得消費，不懂得投資。我發現，我弟弟也有這個問題，於是，我一直很想找機會跟他聊聊。其實，我這個做老姐的，之前也不太清楚我弟弟的財務狀況。有一次，爲了想要瞭解他到底身上有多少錢，我忍不住問他：「如果有一天你失業、一無所有、全部歸零，你的存款可以讓你活多久？」他回答我：「大概只可以過半年吧？」我聽了之後，忍不住替他慶幸：還好他單身沒有家人要依賴他過日子，也沒有小孩需要負擔！否則，一旦眞的發生什麼事，身上沒有什麼積蓄，還眞不知道該怎麼辦！

我從弟弟身上，看到了許多年輕人的影子！一個沒有理財觀念的人，工作多年，每個月的收入幾乎就等於支出，沒有其他任何的生財之道，光靠一份死薪水過活，要存一點錢都非常困難。要不是我爸爸給了他一間房子，搞不好他連房子都租不起！更別提要理財致富了！因此，我便跟他分享了我的理財經驗——投資房地產。我告訴他，他可以利用他現有的存款，買賣房子賺錢。當他聽到我叫他用身上的三十萬去買房子時，我弟弟的眼睛張的簡直快要比嘴巴還大了！

他大叫：「姐，別開玩笑了吧！三十萬就能投資房地產？」我看著他，拍胸脯保證：「包在我身上！你要相信老姐！如果我讓你賠錢，就算是我跟你借的，我會還你。但是，如果你賺到了錢，以後你就要好好的照著我的方法去理財！」弟弟狐疑的看著我，一副不太相信我的樣子。不過，他倒是第二天就把他的三十萬匯到我的戶頭了！於是，在我們的討論下，我一步一步的教導他，向房地產「錢」進，環環相扣，按照設定的計劃，**第一步計畫，要以他現有的三十萬，賺到另一個三十萬！**

生平第一次投資：開始尋找目標

其實，在跟弟弟拍胸脯保證時，我也並沒有十成十的把握。但是，我的想法是：不論如何，弟弟一定要先有第一次投資的開始！不開始，就永遠不會有成功！因此，這個壓力雖然很大，但對我而言也是一個挑戰，我一定要幫助他！因爲給他魚吃，不如給他釣竿，我不能夠拿他的錢去幫他投資，因爲這樣他永遠也學不會。所以我要求他必須親自參與每一個環節，我只是在一旁指導與輔助。

因爲弟弟的資金只有三十萬，於是，我們能選擇的不是台北市信義、大安、天母等精華區、那些高抗跌性的高單價物件，而選擇了一個位在台北縣永和市、一般專業投資人不會考慮的物件。這間房子是幢有頂樓加蓋的五樓公寓，單價很低，約二十幾坪，總價僅三百多萬。不過，這個房子的優勢是使用面積有將近五十坪，而且是邊間採光佳，樓上加蓋的空間可以隔成二個套房出租，還有一個小露台可以做成空中花園。我認爲，這間房子有可以創造的附加價值。

不過，這棟公寓有一個很大的問題，就是樓梯間的牆壁斑駁而且燈光昏暗，住在五樓的人必須要從一樓走到五樓，這給人一個很不好的第一印象。如果有人要來看房子的話，光是走進樓梯間，可能就打退堂鼓了！因此，這個問題一定要改善。除此之外，房子的結構不錯，格局方正，雖然屋齡較老，但是用心整理一下即可。

但是，以弟弟的資金，他當然是不可能去請工人來裝潢或是設計，所以我建議弟弟跟屋主商量，在買賣簽約之後，爭取「借屋裝修」——也就是說利用代書辦理銀行貸款、繳交稅金、辦理過戶等手續的這段時間，在房子交屋之前，先讓弟弟拿鑰匙進去裝修。在這一個月內，他就可以利用下班後來整理房子。我建議他不要偷懶，到IKEA和HOLA去逛逛，感受一下裝潢的風格與品味，再去買一些裝潢的書來看，最後去B&Q買油漆及滾筒刷、電鋸、釘槍……等，好好把樓梯間從一樓漆到五樓頂，又把每一層樓的樓梯間都換上明亮一點的大燈，整個樓梯間就煥然一新囉！這麼一來，不但鄰居們都很高興，而且，房子的賣相就跟原來天差地遠了！

另外，弟弟看了一些裝潢書上有美麗的峇里島風格的佈置，很漂亮，他心想：如果自己可以買一些材料來改裝一下，應該會讓房子的質感更提升。可是，他跑去B&Q那些地方看材料，算了算發現整個裝修下來大概二萬元跑不掉！怎麼辦呢？他已經把全部的錢都繳給銀行了，現在不要說是二萬元了、恐怕連五千元他都拿不出來！

他想了很久，他知道我跟他說過，希望凡是遇到任何問題或困難，他一定要拿出決心和勇氣去解決、不要退縮又回到原點！這是他一生中最重要的第一次投資，他可不能輕易被打敗！後來，他想到自己平常很喜歡去撿一些人家不要的木頭，回家沒事就慢慢雕一些小手工藝品，以前他偶爾缺錢時，會拿去三義那邊賣賣看，有時候可以應應急。他回家找出許多剛雕完的小藝品騎車載去三義，還好他很幸運、也許是東西也還不錯，有個商人用一萬多元買下他全部的東西，這下幫他解決了大半的問題。

不過，雖然有了一萬多一點，但離預算還差了將近一萬元怎麼辦呢？賣機車嗎？不行！那是他上班很重要的交通工具、沒有機車會很不方便。但是，他身邊已經沒有什麼東西可以賣錢了啊！想了想，突然靈光一閃，他打聽到信用卡銀行每個月是二十五號對帳，於是他刻意等到二十六號才去B&Q刷卡買東西，這樣他又多了一個月的時間可以再另想辦法賺錢來還卡債！

就這樣，非常拼的他買齊了所有的材料，自己釘釘敲敲，把露台的空間做上圍欄，擺上一些綠色植物，營造出峇里島ＳＰＡ的感覺，看起來景觀就大不相同了！老實說，在都市裡，人人都希望買房子的時候，可以買到這樣一點點的悠閒，這是非常大的滿足與享受呢！

房子很快就整理好了！不過，可別以爲弟弟的「第一次」就如此的順利！那可不是喔！

銀行不信任　貸款出包

沒想到，初期一切進行得還算順利，但是就在銀行估完價、要發放貸款時，銀行方面卻對於弟弟的還款能力有疑慮。雖然有薪資證明，但是銀行認爲他的還款能力不足，所以要求他要多補十五萬元！也就是說，原本以爲可以貸三百五十萬元的，現在只能貸三百三十五萬了！

弟弟聞訊嚇得跳起來！他萬般著急的向我求救：「姐，十五萬對妳來說沒什麼，對我來說可是一筆天文數目！在這麼短的時間內，我怎麼可能拿的出來？而且，如果我付不出來，屋主可以沒收我的三十萬！那我豈不是就傾家蕩產了？」我看他嚇得六神無主，一時間也想不出什麼好辦法，只得一面安慰他別急，一面教導他先跟銀行和屋主商量，請他們多給他一些時間。經過交涉後，銀行答應寬限三十天，只要弟弟在三十天內補足十五萬即可。

問題來了！對一個每個月二萬元薪水、已經領了快二十年的弟弟來說，要怎麼樣在三十天內賺到十五萬呢？

同樣的，我認爲弟弟應該要靠自己，所以我並沒有借他錢，而是要他好好想一想，要怎麼樣才能有一些業外收入？當時弟弟還氣得牙癢癢的，認爲這根本做不到！我告訴弟弟，你能賺錢的時間只有上班日以外的星期假日。那麼，我們就來想一想，星期六、日，哪裡的人最多？人多的地方就有商機，有商機就能賺到錢。弟弟爲了那毫無著落的十五萬，急得六神無主。於是，我乾脆直接告訴他：「你知不知道，我帶媽媽去看張學友歌舞劇的小巨蛋門口，每個星期六、日都有很熱門的演唱會？」我告訴他，可以在演唱會開始之前，去批發螢光棒來賣！

弟弟真的聽了我的話，去批發市場買了一批螢光棒。第一天，他從中午有人潮排隊開始，就帶著一箱螢光棒去小巨蛋賣。過了兩小時，我打電話問他生意如何？本來以爲他應該很快樂的告訴我他賺了多少錢，沒想到，弟弟竟然聲音低落的告訴我：他一支都沒有賣出去！我聽之後，在電話這頭不禁大叫起來：「怎麼可能？」巨蛋演唱會門口滿是人潮，最好賣的就是螢光棒，怎可能一支都賣不掉？我立刻招了計程車，飛奔到現場去看。我一看，就知道是怎麼回事了！我那害羞的弟弟，一個人默默躲在角落裡，簡直像躲狗仔的名人一樣！

這樣做生意，東西怎麼可能賣得出去呢？我看到弟弟幽怨的眼光，我知道，如果我再不使出一些看家本領，弟弟一定不會再信任我了！我可不希望弟弟出師不利，第一次投資就失敗啊！

於是，我告訴他：「你要想一想，巨蛋門口這麼多賣螢光棒的人，顧客爲什麼要跟你買呢？你要賣的對象，都有些什麼特色呢？」我往四周看了一下，這一場剛好是S.H.E的演唱會，在門外排隊的歌迷，都是S.H.E的粉絲。於是，我立刻叫公司秘書幫我帶了S.H.E的CD與手提音響來，在現場叫弟弟放音樂！我去附近的玩具反斗城買了一個貓眼造型的眼罩戴上，畢竟我也怕有人認出我來：張淳淳怎麼會在這裡賣螢光棒呢？簡單改裝一下後，我現場就一邊放S.H.E當紅的一首舞曲「波斯貓」，一邊跳起了S.H.E的舞！一邊跳，我一邊幫弟弟吆喝著。還好，我教過他們舞蹈，所以S.H.

E的舞步我跳得很熟。我記得，那首歌我只放了十次，一箱子的螢光棒就全部賣光光了！

那天的成功，給弟弟很大的鼓舞！我們姊弟倆回家之後，興高采烈的說個不停，談的不是賺來的錢，而是下一場的戰略！接下來巨蛋排的是蔡依林的演唱會，弟弟對我說，他不用我再去幫忙了，他要自己來！他買了蔡依林的CD，他說，他雖然不能扮成主打歌「舞孃」的造型，不過，他可以打扮成她MV中的海盜！海盜服在西門町附近很容易租得到，而且，個性害羞的他，覺得扮海盜可以把臉遮起來，比較自在一些。銷售成績當然很不錯，而被成功激勵過的弟弟，更是滿懷信心的如法炮製去迎接陶喆及王力宏的演唱會！

但是，光賣螢光棒，是賺不到銀行要的十五萬的！所以除了星期六、日晚上在巨蛋賣螢光棒之外，我又幫弟弟想，星期六、日的白天可以做什麼？我想到，大安森林公園每個週末人都很多，可是，要賣什麼才好呢？總不能賣螢光棒吧？但又不能搶別人的地盤賣吹泡泡水。想了半天，我叫弟弟去買一些長型氣球，又買了書，回家學著折貴賓狗造型氣球、寶劍造型氣球、綁在頭上的皇冠造型氣球等等，把客戶群鎖定在親子市場。我們兩個一共折壞了六十幾個氣球，終於抓到竅門，可以折出很可愛的氣球造型。

第二天早上，我們就準備一起去賣氣球。弟弟出門前，問我：「姐，那我們一個氣球要賣多少錢呢？」咦！這可問倒了我！我心裡浮現了一個問題，那就是，做父母親的，究竟會願意花多少錢買一個孩子的快樂呢？我決定，就讓父母親自己決定吧！於是，我跟弟弟帶著一個紙箱，就出發了！出發前，我看到他戴著一個白雪公主的面具，不男不女的，簡直快把我笑昏了！弟弟很害羞，去賣氣球怕丟臉，還要戴著面具！我叫他乾脆去換一個忍者龜的面具：看他縮頭縮腦的，倒挺像忍者龜的！

果然，在大安森林公園裡，看到可愛的氣球造型，小朋友們都紛紛跑過來索取。不過，尷尬的是，很多小朋友都以為是免費的，剛開始，氣球被拿光了，但是，都沒有人投錢。於是，我決定先做個測試。在人多的時候，我帶著女兒，在箱子裡投了一個十塊錢。果然，很多爸爸、媽媽都跟著我丟個十元。接著，我發現，有一些看起來家境不錯的小朋友，媽媽一投就是五十元、一百元！一天下來，成績好極了！

到了晚上，S.H.E演唱會快開始了，弟弟又趕緊拎著螢光棒，自己打扮成波斯貓，趕到巨蛋門口去賣螢光棒去了！沒想到，週休二日打工的錢，竟然比正職還賺得多！連續四個週末、八個整天下來，白天在大安森林公園折氣球，晚上在巨蛋賣螢光棒、週一到週五做網拍，（弟弟對於賺錢這件事，似乎開竅了，個性也開朗勤快起來了。他之後在聖誕夜、情人節、母親節……等，也會批一些花啊什麼的，配著折得很漂亮的氣球在街上賣、網路賣），那之後，又賣了幾場演唱會。至此以後，弟弟也學會依樣畫葫蘆，用角色扮演這一招，每一場都賣出了好業績！

終於，銀行給的寬限日期接近了，算一算，已經賺了十三萬元了，還差了二萬元。弟弟想一想之後，問我：「姐，你那幾個衣櫃裡的LV包包，反正你也不用了，送給我網拍好嗎？」結果，就在網友競相爭購下，弟弟終於湊足了十五萬元！

成功賣掉　比預期多賺快一倍

交屋之後，按照原訂計畫，我們立刻又將房子交出去給仲介賣。等了兩天，因為不是假日，都沒有人來看房子，讓弟弟很擔心，還好，星期六的時候，有一對小夫妻來看房子。

當他們看到這一間頂樓加蓋、樓上可以租人收租金、又有一個可愛的小花園可以休憩時，他們一連串發出了陣陣驚呼，頻頻說這是他們看到最便宜、又最滿意的房子！小夫妻立刻出了一個價，扣掉仲介服務費等其他費用，竟然比我們預期的還多了二十萬！弟弟聽到之後，簡直開心極了！本來只預計獲利三十萬的，竟然超出預料的獲利五十萬！主要原因就是如果弟弟不自己親自動手、而是請裝潢師父或是設計師來施工的話，他將會多支出六十萬元。但他全部都是自己來，不但省下這筆錢，而且最開心的是：他賺的都是自己努力做出來的成果，完全不假他人之手，那種成就感非常難得！而且，據說買方非常怕別人再來看這間房子跟他們搶，當天就下了訂金，急著對房屋仲介說，不可以再帶別人來看了！我跟弟弟說，既然買方出的價，已經超出我們的預期，就不用再貪心了！於是，在弟弟、仲介、買方三方都非常開心的狀況下，弟弟成功的賺到了他的第一個五十萬元！

本金的三十萬放回口袋，加上利潤五十萬，變成了八十萬！弟弟的人生簡直是轉了一個大彎，他不但學會了投資房地產，還學會了折氣球、賣東西、裝潢房子的小技巧及找回一個失意者最重要的『信心』！弟弟興奮的問我：「接下來呢？」他完全被這種賺錢的刺激感迷住了！不過，弟弟是一個很務實的人，他知道，工作對他是一種成就，因此，他平日依舊好好的上班，只是在閒暇時多了個看房子、DIY做園藝和賺錢的興趣。

當然囉！有了八十萬在口袋，弟弟的第二個房子就容易多了！我們在市民大道、敦化南路交叉口附近的敦化明星學區，看到了一個不錯的小套房。這個權狀十三坪大的小套房，扣掉公共設施，只剩下九坪的實際面積，但是，因爲裝潢的非常新潮，小豪宅般的設計感，立刻抓住了弟弟的心，也因爲地段好，還有銀行願意貸款。

當房子一交屋之後，弟弟就先住了進去。不過，買下這間房子後，弟弟跟我起了爭執。我認爲，這個房子，在這麼好的屋況之下，應該立即脫手，賣出更好的價錢，再繼續錢滾錢！但是，弟弟卻因爲太喜歡這間房子的裝潢，所以他不願意賣出去，想要自己住。

這時候，我跟他講了一個重要的觀念：「**現在，不是享受的時候，因為你還沒有賺到夠資格住進去的錢**。鴻海郭台銘在股票上市上櫃後仍舊住在小鐵皮屋裡工作，而你才剛剛有一點小本錢可以繼續投資理財，就要開始享受了，這是不對的！如果，你可以照這個模式不斷的獲利，你就會離你所想要的幸福生活越來越近！」但是，弟弟剛開始不願意接受。他搬進這個房子裡住了四個月，每個月付兩萬元利息。我告訴他，依你現在的收入，你會被這個利息拖垮的！後來，弟弟果然感到貸款壓力沈重，於是，他聽了我的話，把房子忍痛賣給了一對做服裝設計的夫妻。

當然，這一次賣屋，又賺了五十萬，讓他很輕鬆的賺到了人生的第一桶金：一百萬！

爲什麼我會這樣建議弟弟？因爲我爲他所設計的**財務流線顯示**，如果他現在去住一個一個月兩萬多元租金的房子，他每個月的收入幾乎完全和開支對等，將會坐吃山空。除非，他能選擇一個樓上可以分租給別人、收取租金的房子，或是外牆壁有廣告效應可以收廣告租金的房子，可以讓他手邊有再度投資的金錢，否則他就是小孩開大車，一直揹負房貸，而無法再錢滾錢去理財。

很多朋友都希望吃的好、住的好、更有錢，但是你要會計算，你現在花的錢，到底是透支的錢？還是眞正的餘額呢？例如有一年，我的公司營收額是七千萬，但七千萬是繳稅前，我的七千萬營收中，有兩千八百萬，是要繳給國稅局的！再扣除了管銷及成本，實際上我只賺了二千萬而已！這一來一往，差距不小！所以，你現在薪水五萬塊，可別以爲你就有五萬塊可以花，因爲，你現在用的，可

是還沒有繳稅、沒有扣除一些生活基本開銷（例如衣食住行……等）的喔！

所以，我建議，讀者平常一定要多看報紙、雜誌、上網，不要永遠只看影劇版，而要多方涉獵一些財經新聞、理財知識。這些都對我們的判斷、決定，有很重要的影響，也直接關係到投資的成敗、財富的累積。一個投資正確的人，必定要有清楚的規劃、確定的目標，不要貪心、也不可以在一時之間被物慾所沖昏頭，賺來的錢一定要充分的規劃，而非完全花在享受上。不然，你就算再會賺也存不住、累積不到足夠改善生活的財富！

弟弟賺到了第一個一百萬之後，用他的第一桶金，在松山區買下了一間能和未來老婆一起住的大廈房子。這間房子有良好的管理，比之前那間時髦的套房更加適合他。所以，還好他沒有一時衝動就把所有的錢都砸在那一間套房上，否則現在的光景就大不相同了！

淳淳的過來人叮嚀：三個諸葛亮，勝過一打臭皮匠！

房地產買賣的投資門檻，並不一定很高，有些預售屋只要訂金一萬就能買了。不過，當然買在好的區域，獲利會比較快也比較高，抗跌性也夠。所以，有些時候，投資房地產時可以找朋友合夥或是與信賴的人一起出資。但不管是請益的對象或是合資的股東，一定要有誠信及甘苦與共的認知，以免下了錯誤的決定。

另外，選好了合作伙伴，一定要到律師樓針對彼此的協商條件，在律師的建議下寫下正式的合約書，才能保障雙方權益。別不好意思，更別省這些錢，要合作前一定要把話說清楚，否則日後連朋友都做不成了！先小人後君子，總比以後對簿公堂要來的好！這也才是合作的長久之計。

買賣房地產，一定要多請教、多計較、多結交實質上對我們事業有幫助的朋友，遠離小人及不務實的人！其實，可以做一些功課了解股東和合資的對象，比如雙方的買賣經驗、買賣投資的標的物跟類型、手上可以活用的資金等等，以找到值得相互信賴的投資夥伴。

有一次，我跟朋友決定以各出一半資金來合買一個內湖的案子和一間一億元的金店面，在他的同意下，我下了訂金後，那個朋友臨時又推說家人反對，而且標地物好像有問題等等的藉口，結論是可能不能合資了……之類的，還好馬上有另一個有眼光的朋友補位跟我合資，現在這個房子已經漲了二成，當初中途退出的朋友(股東)直呼悔不當初把送上門的財神爺往外推，但這樣會反覆不定的合夥人就真的只當朋友就好，投資理財最怕朝三暮四、出爾反爾，因為很多事情或案件錯過了就買不到了，只好讓別人賺走了！

Chapter 11

理財富媽媽實戰演練篇（二）：買賣盈虧筆記本（上）

聯邦快遞的管理哲學是：先讓員工快樂，員工會進而使顧客快樂；只要有快樂的員工，就會有快樂又滿意的顧客。～～聯邦總裁 David

投資三原則：要慢勿快、要精勿多、要穩勿慌

投資理財，也是一樣要從別人的經驗中學習、抱著要慢勿快、要精勿多、要穩勿慌的三原則，這樣就不會錯了。

你買的房子學區如何？小朋友從幼稚園到中學是否都有適合他讀書的好學校？你家附近有沒有焚化爐、垃圾掩埋場或是公墓，會讓你不健康或是景觀不佳？你家出入口有早市、夜市、或菜市場嗎？是否影響你進出的交通或是噪音重重？你買的房子是否在公車、捷運、火車、高鐵的區域內，讓你通勤時方便？你的住處附有停車位嗎？每天回家時，停車位好找嗎？週休二日時，你家附近有山、或是有可以隨時去舒展身心的運動場？你家隔壁鄰居是廟嗎？每天早上叫你起床的是神壇木魚的誦經聲嗎？你的隔壁鄰居是會讓你神經緊繃的頭痛惡鄰嗎？還是會讓房子增值的醫師、名人、教授？

小時候，爸爸常說：「富人一餐飯，窮人一月糧。」在我從事買賣房子的這些日子以來，我很感慨台灣貧富的懸殊差距越來越大。我常常在富裕的地區看到有錢人丟掉的大型廢棄物、家具用品，比貧窮人家裡用了幾十年、捨不得丟棄的東西還要值錢、還要好！在現代的資本主義社會裡，富人除了擁有財富之外，也比窮人享有更多、更豐富的社會資源與教育資源，於是，他們的下一代變成富人的

機率也就比窮人要大很多！這是一個殘酷的現實，但也是一個沒有辦法改變的現實。

我多麼希望大家都能不要再過貧窮的生活，人人都有能力可以創造更多的財富，因此，我想提供我自己的投資經驗，給大家當做參考。在買賣中，我得到許多寶貴的經驗，有賺錢的、有被騙的、也有驚喜的，但這些都是花錢也學不到的知識，真的是太值得了！現在我也一併跟各位分享。希望大家都能買到有增值潛力的好房子！

實戰CASE 1：寓婆夢碎

一年多前，當我第一次投入房地產市場時，想法很單純，我只是想要買一個容易出租的的公寓，分租給別人，賺取租金。大家不是都覺得，當個「收租婆」是一件挺不錯的事嗎？於是，我就懷著這個收租婆的美夢，開始尋找我的標的物。

我到處找啊找、看啊看，終於看上了台北市東興路、市民大道路口的一間五樓頂加蓋的公寓。這間公寓有四十多坪，上一任的屋主花了一千三百萬元買下，將之隔成四大間套房，裝潢的美輪美奐，專門租給在台灣工作的日商及美商。後來，屋主出國移民去了，因此想把房子賣掉。他希望下一任屋主，可以連他現有的房客一起承接，以免增加他的麻煩。我去看房子的時候，四間大套房已經住著現成的房客，一間租金是二萬四千元。我算一算，ㄟ，很不錯啊！一個月光是收租就可以收到九萬六千元，最棒的是，這間公寓還有一面很大的外牆，可以當廣告牆出租，每個月還可以收個六萬元的租金！這樣，一個月總共有將近十五萬六千元的租金收入！一年就可以拿回一百八十七萬二千元的租金了！

以前面說過的投資報酬來計算，屋主想要賣一千八百萬元，每年收的租金就約有10％的利潤，算是很高的投資報酬率囉！於是，我立刻就決定買下！這一次買房子的我，心想，不要讓銀行賺息，所以，竟然抱著一千八百萬的現金，就高高興興的把它買下來了！

沒想到，收租婆卻並不如想像中的好當！

夏天到了，我的日本房客們抱怨有蚊子，因爲外國人不熟悉台灣的賣場、商店，爲了表示我做房東的誠意，我只好親自跑一趟大賣場，去幫他們買捕蚊燈。然後，有一天，日本房客打電話來問我：「房東小姐啊！我們的房間怎麼都沒有電了啊？」我這才發現，我竟忘了去幫他們去繳電費！諸如此類的小事，說多不多，說少也不少，一會兒燈泡壞了要我去修，一會兒馬桶不通，也要我去處理，眞是麻煩事兒一堆！

經過幾次的「凸搥」，我發現，當「寓婆」看起來雖然很好賺，但是實在是一件需要專職處理的工作。因爲我的公司業務很忙，我不好意思請公司員工去多做不屬於他分內工作的事，而我的房客又沒有多到值得花錢聘請專人打理，因此，我必須事必躬親，自己去處理。但是我實在是沒有這個美國時間！

我左思右想，覺得自己沒有辦法當個稱職的「寓婆」，於是，八個月後，正好「遠雄集團」以創新高的天價標下了「台北大巨蛋ＢＯＴ」，當地房價一坪飛漲了兩萬元左右，於是我就順勢脫手，把這四間套房賣給了一位專業房東！這一間公寓讓我賺了大約八十萬元左右。雖然算起來報酬率並不算太高，但是卻給我一個很重要的經驗，那就是：我並不適合當個收租婆！有了這個經驗，從此以後，我打消了當收租婆的想法。不過，藉由這一次的買賣，我卻也發現，投資房地產不一定要當收租婆，一間好的房子擁有的增值空間，在買進賣出之間，也可以讓我獲利良多！（截至截稿爲止，這間房子已經漲到了二千二百萬囉！）

經由這次的買賣，我認識了許多房地產專業經理人，並進而瞭解更多房地產買賣的操作模式。在他們的建議、以及我自己的興趣下，我開始累積了房地產的實際經驗，並且開始試著再繼續找尋下一個投資標的！

淳淳的過來人叮嚀：盡量留現金，多利用銀行房屋貸款創造優良債信

現在想一想，當時眞的很傻！竟然抱著現金去買房子！不過，我想大概有很多人跟我一樣，誤以爲不要給銀行賺利息比較划算吧？事實上，就投資的立場來看不是這樣的喔！台灣政府爲了讓大家有較大的購屋空間，目前銀行房屋貸款利率是很低的，平均在3％左右，算是目前全世界最低的利率喔！算一算，如果你的投資利潤高於銀行的房貸利息的話，那麼就應該多多利用房屋貸款，盡量將現金留在身上做流通用。除非你不打算作其他現金投資，則可以用現金購屋以避免利息的支出。

以上面這個例子，一千八百萬元的屋款，假設我可以貸款七成的話，只需要付五百四十萬自備款就夠了！剩下的一千二百六十萬，以銀行貸款，每一個月光繳利息的話，只需要付三萬元左右！拿房租來付利息是綽綽有餘！而且，我身上就可以留下一千二百六十萬的現金，足夠我再買兩間一樣價錢的公寓。以這一間公寓有10％的租金收入來計算，扣掉3％的利息，還可以結餘7％！

三間公寓，一個月收租就可以賺三十七萬八千元！如果以脫手獲利來說，一間公寓獲利八十萬，三間就可以賺回三個八十萬！扣掉付掉的利息錢，我是不是還多賺了將近一倍呢？

所以，銀行貸款可以是負債，也可以是獲利的來源。許多的購屋族，一旦貸款，就急著要趕快本

利攤還，努力賺錢以把房貸還清。事實上，以投資的角度看，有時候計劃一下，反而可以利用房屋貸款，來做理財的投資，不急著馬上攤還。因爲畢竟一年僅3％的利率，是很好利用的，也是創造財富的「優良好債」！

那，怎麼樣才能貸到比較高成數的銀貸呢？有一個重點，就是要讓銀行知道你是一個信用良好還款來源正常、而且可以讓他們賺到利息的好客戶！以我來說，我在銀行眼中，是一個信用沒有瑕疵，而且資歷算是鑽石級閃亮的貸款者喔！通常，我會以房子的產權請銀行估價。一棟一千萬的房子，如果銀行願意貸給你九百八十萬，這並不代表你是超貸喔！而是代表這間房子擁有比你所買下的價錢更高的增值潛力！想想看，如果我要購買的房子每一間都要付二成、三成以上的自備款，那我恐怕就要每天往銀行跑三點半囉！

最近有許多讓銀行害怕的案例，像是知名企業的力霸淘空案等等，因此，銀行對於房子的評估都非常謹慎。對於店面、土地，甚至小套房，都不容易貸到高額款項。在銀行貸款成數下降、緊縮銀根之時，並不容易找到好的物件。所以，除了良好的信用以外，挑選物件購屋前，最好先請銀行評估，以免自己的預期與實際結果相差太多！

實戰CASE 2：水電工的陰謀

在我剛開始投資房地產時，因爲經驗不豐富，曾有幾次受騙上當的經驗。有一次，有一個地區型的小仲介公司介紹了一間西門町的房子給我，是在福興公園旁邊的昆明街上，一幢十二層樓高的大樓，其中三樓有一間五十八坪、三角窗、邊間的房子要出售。那一間房子我非常喜歡，因爲三面都有窗，採光非常好，還有外牆可以做廣告牆出租。因爲屋主急售，所以當時我買進的價錢相當便宜，一坪約十八萬元，總價約一〇四四萬。

買到了房子，我心裡很高興，打算裝潢成目前最熱門的「精品時尚套房」。那一家仲介公司介紹了一個裝潢水電的工人給我，我也不假思索的就接受了，我自己另外找了一位設計師，幫我畫施工及設計圖。那時候，我不懂得建築物裝潢前要先去建管會報備，以免將來有糾紛，於是沒有報備就直接開始裝潢了！等到房子開始裝潢之後，樓下的人就開始來抱怨，說我裝潢房子時廁所漏水，害得他們樓下的餐飲店天花板漏水，影響了生意，要我修復、賠償等等。但是，那一家仲介公司卻叫我不要出面，由他們去替我全權解決。

我那時候也不懂得其中的利害關係，就放心的由仲介公司去全權處理。他們後來一直跟我回報，說那棟房子另外又有別的鄰居來抗議，說我們沒有報備建管處就裝潢、要我召開協調會等等，反正，後來弄得很複雜，仲介公司的人就勸我，有人願意出一坪二十萬元的價錢要跟我買，乾脆就把這間房子給轉手賣掉算了！我那時心裡有點捨不得，因爲我覺得這一間房子整修之後應該可賣出更好的價錢，而且我也已經付給水電工五十萬元的開工款。不過，左思右想，或許這個房子跟我沒有緣份，那麼我又何必強惹麻煩呢？就這麼一念之間，我答應仲介轉手賣出。

當初我是用姊姊的名義買下這間房子的，因此，賣房子要簽約的當天，我就開車載姊姊去代書那裡簽約。沒想到，當我在路邊暫停，等候姊姊進去簽約時，我赫然看見，要買我房子的人竟然就是那個幫我裝潢房子的水電工！當場，我五雷轟頂，瞭解這根本就是一場騙局！原來，那個水電工師傅見我買的便宜，也看上了這間房子，於是動手腳敲壞了廁所水管，讓房屋的廁所漏水，引發了後面的一

連串糾紛，爲的就是他自己想要便宜的買下這間房子！

當時，因爲我經常在電視上出現，算是大家都認得的名人，而仲介公司就是以我是名人爲由，根本不讓我參與房子糾紛的後續過程，所以我完全被蒙在鼓裡，並且，出動我最信任的一位仲介人員來說服我、降低我的防備心！我雖然很生氣，但也莫可奈何，因爲，我已經在「同意賣出」的合約上簽了字，對方也預付了一筆二百萬的訂金，如果我反悔不賣的話，就要賠償他二倍的違約金。因此，我只好尊重合約精神，眼睜睜的看著本來可能可以獲利三、四百萬的利潤飛走，白白少賺了幾百萬，吃了一記大大的悶虧！

但，這一次的教訓，也讓我學到了更寶貴的經驗，對我日後投資房地產有很大的幫助。

淳淳的過來人叮嚀：慎選有品牌的仲介公司

從此以後，我只跟有品牌的仲介公司來往，對於較爲沒有保障的小仲介公司、跑單幫式的仲介人員，甚或是仲介資歷還不到一年的菜鳥，我都敬而遠之。因爲，對於投資客及自住客來說，判斷行情很重要，一個菜鳥仲介經驗不足，對於買賣房屋的法律及房價等問題都不夠清楚，很容易造成買屋人的損失。

另外，後來我也跟固定的設計師及裝潢師傅合作，培養出默契，不再用不熟悉的班底裝潢房子，以免再度重演水電工事件。

實戰CASE 3：有潛力的二樓金店面

民生東路，人稱「台灣華爾街」。我對民生東路、敦化北路口有著特殊的情感，因爲我的第一本存款，就是存在這裡的「花旗銀行」。「花旗銀行」開戶的最低門檻是二十五萬，而一般銀行、郵局開戶只需要一百元；而且，花旗有個規定，只要你的存款不到二十五萬元，每個月就要從妳的戶頭裡，支出五百元的服務費。因此，從我二十歲開始，我就告訴自己，絕對不能讓花旗銀行扣我五百元！所以，即使山窮水盡，也一定要有二十五萬元在「花旗銀行」裡提醒我不能成爲月光族！

現在很多年輕人是卡債族，他們其實不知道，這樣實在太划不來了！你知道嗎？你存一百萬在銀行，銀行一年給妳的利息不到三萬元；但是假如妳欠銀行信用卡一百萬，妳一年卻要付十八、二十萬的利息給銀行！這樣的卡債族，就算是再會賺錢也沒有用，全世界的有錢人都不會這麼做，包括比爾蓋茲喔！

我擁有的第一個店面，就在民生東路「花旗銀行」附近，臨馬路的公寓二樓。咦！你一定覺得奇怪，店面不是一樓嗎？怎麼樓上的也叫店面呢？事實上，妳可能沒有注意，隨著台北市、台中市、高雄市等熱門商圈擴大、消費方式的活潑變化，有一些髮廊、網咖、二手商店，已經逐漸開始往二樓發展。因爲，一樓的成本太高、太不划算，不是每一個店家都負擔的起的！

所以，當我看到民生東路上有一個二樓的住家準備出售時，雖然它的開價比其他住宅單位高很多，我卻一點也不覺得它的價格貴，對它充滿了興趣，因爲我是以店面的價錢去衡量這間住宅的，所以，我的出價最接近屋主願意成交的價錢，因而順利的買到了這個別人眼中「超貴的住家」。而這個住家，是可以登記爲公司行號，或是餐廳店面的！我並非神通廣大，也沒有內線消息，我只是觀察到，一樓的店面供不應求，當民生東路上再也買不到、或租不到一樓店面時，二樓、三樓的房子近二百公尺內都沒有人願意出售，因此行情就算是一坪再貴個八、九萬，也都會變成未來熱門的搶手貨喔！

果然，就在這間「超貴的住家」，連交屋、完稅都尚未完成，還沒有過戶到我的名下時，就已經有一家外商公司出價向我購買了！有了這個經驗，我就更加安心，因爲這就表示，雖然我現在還沒有打算出讓，但是我知道，這間二樓店面絕對是一個搶手的好物件！更何況，這個案件是民生東路二十米道路旁邊的四樓公寓，不但可以登記成爲住家或是辦公室，他的土地產權也僅只有四戶平分，我個人就擁有二十坪土地！將來，如果有一天，這幢公寓跟周遭房屋一起找建商合作改建成大樓的話，那我想我的獲利，大概也就夠讓我退休養老囉！

淳淳的過來人叮嚀：七加一、四加一、快搶進！

商業區中的公寓、透天厝、或是大馬路邊的舊公寓、店面，都是可以考慮投資的標的物。像是台北市SOGO新館對面那一排舊公寓，現在就是非常非常的搶手！非常值得投資！因爲SOGO新館落成後，就會帶動商圈的繁華，而該地段的地價也會突飛猛進！

目前，商業區或是大馬路邊，七樓華廈的舊有頂樓加蓋房子，是最爲搶手的！因爲有電梯，而且可以合法使用的面積較大，通常來說都較受喜愛、容易脫手。其次，則是四樓頂加蓋的房子。因爲沒有電梯的房子，要考慮爬樓梯的高度，四樓還算可以接受的範圍，五樓加蓋就稍嫌辛苦了些！而舊公寓的優勢，是因爲一棟裡面戶數較少，所以每一戶的土地持分較大，如果將來有機會改建的話，大家意見一致的機率比較高，改建的合作案比較好商談，而且每一戶按照土地持分的話，可以分得的面積比較多，幾乎可以「一間換兩間」喔！

依據房屋仲介的經驗，如果你想買一間有可能要在近期內改建的舊屋，你在選擇標的物時，最好不要選擇土地持分超過四、五個人平分的案件。意思就是說，那幢房子裡最好不要有超過四、五戶人家共同持有產權。因爲，合作改建的案子，往往會因爲其中幾個屋主人不答應改建，而讓其他人想創造財富的美夢落空。所以，在買這樣的物件時，土地持分的人數一定要越少越好，因爲人越多、意見就多，改建也就越難搞定了！

實戰CASE4：東區地下停車場

前幾個月，有一個熟悉的仲介來找我：「淳淳老師，你願不願意跟我們合作一起買房子投資，我們有一個不錯的案子，是一個東區的地下室。」他們帶我去看，原來是台北市東區一個五層樓公寓的地下一樓，佔地約有二百坪。這個地下室，所在的區域非常的好，一樓都是店面，以前是租給人家做餐廳的。但是，現在乍看之下，狀況卻很差，經過納莉颱風的摧殘、淹水之後，裡面堆滿了半個人高的泥沙。還有許多發出異味的垃圾。

我請工人估計一下，光是處理堆積如山的垃圾、消毒，再加上油漆整修，大約要花九十萬，難怪仲介告訴我，這個地下室已經空在那裡許久了，一直乏人問津。而且，要出售地下室的，是一位年近八十歲的老伯伯。老伯伯擁有的並非地下室的「產權」，而是「使用權」。當年，這個使用權也是他

跟別人買下來的，至於地下室的產權屬於誰？已經不可考了。現在，因爲年紀大了，他無力再管理，兒女都不想要，所以他想以八百萬的價錢，賣出二百坪地下室的使用權。

當時，我剛好看中了一款價值數百萬元的「愛馬仕」包包，正準備了錢，想去買一個女人的夢幻包犒賞自己工作的辛勞。沒想到，我在時尚界的設計師好友都說，我想買的那個包包，光是排隊買都要等很久！我心想，也好吧！包包既然等不到，如果能再多加些錢換個二百坪的地下室，也不錯！

不過，只有使用權，沒有產權，到底值不值得買？我想，我必須要先確定，我到底是個撿垃圾的傻瓜，還是撿到寶的識貨人？於是，我就包了一輛計程車，從午夜十二點到凌晨三點，在這個地下室附近的街道不停的繞圈圈。計程車司機看著不斷跳動的車表，很關心的問我：「小姐，妳長得很迷人，老公一定不會亂來的，如果有，也是一時糊塗，我們在這裡一直繞圈圈是不是要堵人啊？女人啊！要忍耐啊……」我只好告訴他，我只是想要瞭解一下這個社區的情形，他想太多了。我看到這個公寓的住戶都很單純，附近有許多公司行號，而一到晚上，路上就有很多車子跟我一樣在附近繞圈圈，不過他們跟我不一樣，他們是在找停車位。我看到很多住戶後來冒著被拖吊的危險，把車停在紅線上，大概是打算第二天一早再來移車。

隔月，我又在附近詢問了一下附近的停車行情，發現附近的停車場生意都還不錯，價錢也不錯。於是，我想到，這個地下室說不定可以規劃來做一個停車場！我又想到，如果看我走眼了最壞的打算，頂多就是把我公司林口倉庫的貨物搬來放在這裡，這裡當成新的倉庫。因爲我林口的倉租費用一個月就要二十萬，大不了就把這裡當成我的倉庫也不虧本啊！在進可攻、退可守的狀況下，我就想，不妨姑且一試吧！

不過，因爲無產權的地下室無法向銀行貸款，所以，我必須計算一下我的成本以及回收的時間。我問了幾間超級市場、幾個停車連鎖企業，像是「嘟嘟房」、「台灣聯通」，以他們的估價，這個地坪以「一個車位租金五千元」來估算的話，我一共有十八個車位，一個月大約可以收取九萬元的停車租金。如果，以兩年回本的觀點來計算，9×24＝216，大約花費二百萬元的成本是可以接受的，其他再加上火產險、水險、以及我所估計的清潔費用，大約還要一百五十萬元。所以，我就開出了三百萬的價錢，去跟阿伯談。

大家聽了一定嚇一跳，阿伯開八百萬，我出三百萬，「那ㄟ阿捏？」可是，讀者別忘了，地下室不是熱門物件，本來就問津者少，而且我是以投資的角度去計算，超過我心中所設定的價錢，就不可能購買。再者，老伯已經賣了許久都賣不出去了，雖然我出的價錢不高，不過有出價就有機會呀！

果然，最後老伯讓我以三百萬元，買到了東區的這間二百坪地下室。但在跟賣方簽約前，我詢問了一下代書，萬一在我買了之後，有人主張地下室是他的，我該怎麼辦？於是，代書替我在合約上註明，萬一以後發生使用權糾紛的話，阿伯及其法定代理人（因爲阿伯年邁，所以要附加其法定代理人）就要全額退款給我。阿伯很篤定的簽了約，雙方取得了共識。

可是，我的律師還是提醒我，因爲這份共識不包括大樓所有的住戶，所以，律師代我發了善意的存證信函給所有的住戶，大約四、五十戶，請有疑義者與我們聯絡，並同步申請法院公告，確認地下室並非法定避難室，不屬於樓上住戶所擁有。在公告的三個月當中，我只接到了一通電話，是一個阿嬤打來的，不過她打來是爲了問：「這封信是什麼東西啊？」因爲，這棟大樓的住戶，大多

數人都聽說過地下室的使用權是這位阿伯的，所以我們之間的買賣就沒有什麼問題。但是，如果你遇到的狀況是在公告期間中眞的有人提出了議異，那就必須邁入訴訟階段，就會影響買賣結果或是買賣成交的時間。

目前，我已經花錢整理好地下室，也有停車場連鎖店願意以一個月八萬元的租金跟我承租。預計兩年半回本之後，如果繼續出租，未來每個月就有八萬元淨利，是一個不錯的投資呢！想不到，別人覺得麻煩不起眼的圾垃窟地下室，也會是一個意想不到、高報酬的黃金屋！

淳淳的過來人叮嚀：塑造投資價值，才有獲利空間。

像這個例子，雖然只有使用的權利，但是順利出租的話，以後每個月月租八萬元，二十年一共可以獲利一千九百二十萬！出租的租金也是很棒的收益！這就很像公寓頂樓加蓋，雖然沒有產權，但有不錯的附加價值。

但是，附加價值有多少？全看你怎麼去塑造或是判斷。不過，要提醒大家，在進行投資案時，切忌打草驚蛇。比如說，在這個案例中，我爲了要節省時間，在公告完成之前，就開始請人打掃清理地下室。無意中犯了一個嚴重錯誤！因爲，地下室一開始裝修，就開始有人來探詢，東問西問，在得知我將它整理成停車場出租之後，難免有人眼紅。這也就是進行投資案時要最小心謹愼的部分：預防別人來破壞！所以我立刻停工，等到公告完成後再開始整理。

實戰CASE5：漲了五百萬的預售屋

我很少買預售屋，不過有一次在經過中正紀念堂對面、杭州南路二段時，我看到了一間預售屋。它是一層一戶、約七十幾坪，正對中正紀念堂的超優景觀大戶，本來建商是打算先建後售，所以當時並不打算賣。

可是，看到這麼好的視野、住戶單純、公設比又低，我實在是喜歡得不得了！於是，我很誠意的自己上門去找建商，問他可不可以先賣一戶給我？建商一聽是「塑身女王」張淳淳，也很希望我來當鄰居，於是便以預售屋的當地行情價六十八萬一坪、總價約近四千七百六十萬賣了一戶給我。

未料，還不到一年，我才剛付了頭期款四百多萬，連使用執照都還沒下來，信義路「勤美樸真」的建案就在這個時候推出，帶動了周邊的房價行情，我所買下的預售屋馬上水漲船高！已經有買家跟我出價一坪七十五萬，算算我已經現賺五百萬！但是，因爲太喜歡這間房子，所以我打算留著來自己住，目前爲止尚未賣出，畢竟位置、視野都這麼好的房子，可是一屋難求喔！

國際巨星金城武在天母、劉嘉玲在內地、周星馳在香港，都曾用買好地段預售屋的方式，讓自己增加財富。不過，要買預售屋千萬要記得，一定要選擇好地段的預售屋，或是好品牌的建商，而不要買被炒作的過高的預售屋。

淳淳的過來人叮嚀：買預售屋要選品牌！

其實，雖說買房子有時候看機緣，不過，也要看你的積極與努力。像我現在的習慣就是，只要看

到喜歡的房子，我就會上網看看周遭是否有重大的工程建案？或是去跟仲介、管理員聊聊，甚至與工地的工人及建築師聊聊，瞭解一下區域的行情，或是買賣房屋的資訊。畢竟，他們是最瞭解這個區域的人，有時候，對於哪裡有人想買賣，也比仲介業者更早知道，因此，掌握他們，也等於是掌握了標的物及賺錢的先機。

另外，對於預售屋，大家也要特別小心，因爲畢竟蓋起來之後是什麼樣子、鄰居是誰，都尚未明瞭。不過，觀察我的購屋經驗，你會發現，我特別偏愛公園綠地旁邊、好學區的房子，主要就是因爲現代人注重休閒生活、景觀，以及孩子的教育，因此，有景觀、鄰近綠地及好學區的地段，通常都有增值的潛力。你知道現在的綠地多麼值錢、一棵樹的行情有多高嗎？便宜的十幾萬、稀有珍貴的要上百萬！因此，以這樣的方向去找屋子，一定不會太離譜！

另外，台灣在歷經幾次房地產的風暴，許多人買了房子之後，建商紛紛因爲房地產走向谷底，而沒有辦法讓建案繼續推動、債留台灣。在這些風暴當中，永續經營的建設品牌因爲紮根在台灣，變成了消費者眼中的金字招牌，他們的預售屋推出時特別受到消費者青睞。「遠雄建設」就是其中之一。遠雄集團的趙藤雄董事長不但長期關心環保和兩代安養的生活問題、也頻頻赴國外取經。而且他從年輕只是個小建築工時起就一直秉著良心做事、絕不偷工減兩、維持著上一代踏實紮實的特性，才能發展到這麼大的規模，我個人覺得他的建案也特別具人性化的思考，所以建議讀者在挑選建案時，能多閱讀新聞做功課，盡量選擇有良心、道德的建築商。

實戰CASE 6：大安森林公園旁邊的豪宅

投資房地產，除了要瞻前、顧後之外，不貪心也很重要。不夠安全、透明的案件，寧可不賺，也不要冒著風險進行交易。畢竟，買屋靠技術、創造價値靠魔術、獲利入袋靠藝術，只要三術合一就相當於拿到房地產名人「川普」大亨的尙方寶劍了！

新生南路跟和平東路交界、知名連鎖餐廳的頂樓，有一個權狀二百坪，但使用近四百坪的超景觀樓中樓。採光佳、地段棒，面對著大安森林公園的綠意盎然，在大安區中，眞的是非常難得一見，當然，屋主也開出了八千萬的高價！初生之犢不畏虎，當時我雖然才開始投入房地產不久，但是因爲看中了這間房子未來的增値潛力，我毅然決定下手買進。

在仲介的斡旋協商下，最後，雙方以近七千萬的金額成交。當我在開出了七百萬、百分之十的頭期款支票時，我問仲介：「這個案子是否可以在購買時，同時辦理『成屋履約保證』？」所謂的「成屋履約保證」，就是在交屋之前，買方所付出的款項，將由一個具公信力的合法銀行作保管，當確定交屋手續完成、一切沒有問題後，賣方才可以取得這筆款項。這是目前很多有品牌的仲介都提供的一種安全服務，目的就是確保賣方不會在將錢取走之後，卻未如期交屋，或是在交屋前又將房屋拿去貸款、一屋二賣等等，搞出一堆令你哭笑不得的意外。

然而，就在我提出這個要求時，仲介卻告訴我，屋主不願意做「成屋履約保證」。而且，屋主還要求要繼續住在裡面，以租房子的方式向我租房子住。但我仔細察看了一下後發現，房屋的所有權狀上，在「產權設定」這一項目中，除了銀行之外，尙有第二順位的債權人。這在本書前面「理財富

媽媽的練習題(三)P.166」那一篇中我曾經提過，這就表示，這個房子除了設定給銀行貸款之外，還有設定給其他債權人。

通常，一般房屋，多半只有設定抵押給銀行，設定多人就表示屋主可能有其他債務問題，發生糾紛跟意外的機會也可能比較多。再加上屋主要求續住，將來我要脫手，有個萬年租客在裡面，也會比較麻煩。因此，雖然我知道信義計畫區已經一坪喊價到八十萬了，這一間大安區的房子一層一戶、擁有整面綠地景觀，比信義計畫區的房子還要優質，一定會有很大的增值空間，但是因爲屋主不願意簽「成屋履約保證」，因此，我考慮了半晌，還是決定放棄！因爲，誰都不知道，未來會發生什麼樣的狀況？

如今，每次經過那條街，看到這間房子已經從七千萬增值到一億兩千萬，我卻一點都不後悔，因爲，畢竟好的標的物再找就有，但是風險過大的投資，卻可能讓你血本無歸。投資時，千萬不要一心只想到利潤，而要先顧慮風險。

淳淳的過來人叮嚀：有債權問題的房子千萬別買！

有債權的房子最好別碰，因爲後患無窮，光是打官司就要耗掉許多時間精神，更別提金錢損失慘重。簽約的時候，一定要仔細的察看謄本，而且，最好是請仲介由網路下載最近的謄本比較好，比如說，今天下午一點要簽約，最好就在今天十二點三十分再請仲介幫你下載最新紀錄的謄本，看看有沒有更改貸款、設定？是最爲安全的，以免不法的代書或屋主利用中間空檔拿房屋再去貸款，當妳付了高額的簽約金之後，屋主只留下了一筆爛帳的房屋給你，然後逃之夭夭。

附帶一提的是，這間俯瞰大安森林公園的景觀房子，雖然我後來沒有買成，但我卻買到了同一棟的十三、十四樓中樓。那一間房子是挑高六米的邊間，權狀三十六坪，但是使用面積卻是加倍的！而且，房子有兩個門牌號碼，將來可以分隔成兩户。所以雖然那一區的成交行情價大約是三十五萬，但屋主開出了四十二萬元的價錢，我卻仍然覺得很划算。

屋主是一對年邁的老夫妻，本來是自己住的，後來因爲孩子大了，所以出租給別人，可是因爲年紀太大了，不方便照管租屋事項，所以雖然很捨不得賣，不過在仲介及孩子們的勸説下，老夫妻最終還是將房屋賣給了我！

我買下這個房子後不久，信義聯勤那塊地標出了新高，一坪土地以四百多萬成交，一下子，大安區的房價又水漲船高。目前，這間房子我還保留著，我預計它將來會有更令人期待的增值空間。

Chapter 12

理財富媽媽實戰演練篇（三）：買賣盈虧筆記本（下）

缺乏自信的人，害怕道歉會顯得軟弱、讓自己受傷害，於是把過錯歸咎於他人。

～～成功學大師 柯維

實戰CASE7：一份披薩，省了一百萬！

跟我有合作默契的仲介，都覺得我是一個很好相處、也不會佔別人便宜、值得信賴的好伙伴！所以，當他們知道仁愛路「帝寶」對面有一間法拍屋的案件很好時，他們就鼓起勇氣來找我，希望跟我一起合買。畢竟，每天幫別人買屋賣屋，他們也很希望買屋賺錢。而因爲他們曾介紹很好的案子給我，我也很願意幫忙他們，因此，我便與他們一起合資，提供他們缺少的資金，一起圓夢。

但問題是，這間法拍屋是屬於不點交的法拍屋，現在還有人住在裡面。沒有人知道是誰住在裡面？房子裡面長得是什麼樣子？雖然我已經準備好了支票，但是面對一個只看過資料、沒有看過內部的房子，就叫我花大錢買下，我還是有點忐忑不安。但是，這是個A級的地段，就算屋況是D級的，還是具有一定的價值。而且，仲介願意跟我合作，應該是好案件沒有錯。我想著想著，心中很矛盾，不知道到底要不要買？

於是傍晚六點我到了現場，察看了一下，屋子的電錶轉的很快，我知道裡面現在有人在。想著想著，我的肚子好餓，站在案件屋的樓下，我忽然靈機一動，撥了一通電話給附近的披薩店。我以那個地址叫了一個披薩，然後站在騎樓下等待。十五分鐘，披薩就來了，我心生一計，付完錢對披薩小弟說：「請你幫我按門鈴，我想要給我的朋友一個驚喜！」披薩小弟不疑有他，就照做了！屋主一開門，看到有免費的披薩可以吃，果然很驚喜！我也順便趁機跟屋主聊了一下天。原來，房子的主人被朋友陷害，損失慘重，落得房子要被法拍。屋主以堅定的語氣告訴我，如果法拍，他會以死抗爭，全家大小一起死在屋子裡！

後來，我沒有買下那個房子。我告訴仲介事情的經過後，他們也很感謝我的用心，因爲那也是他們年輕人所有的積蓄，不是開玩笑的。我無法想像，如果我們買了這間房子，卻有幾個冤魂在裡面，我們該怎麼辦？雖然，這次我沒有買到房子、賺到錢，但我卻瞭解到，世界上有很多事情，不是錢就能解決得了的！每個屋子都有一段辛酸史，是我們很難想像的！

不過我倒是很想知道，屋主到底喜不喜歡那個披薩的口味？

淳淳的過來人叮嚀：看房子也看人生

在這兩年看房子的經驗裡，我有時候也很感慨：坐擁最佳地段的豪宅子弟，揮霍成性，一旦從雲端跌落，往往苦不堪言；而某些住在暗巷破屋裡的貧窮人家，除了生活境況悽慘，有時本身就是社會問題的來源，非常可憐。

我很幸運，有一個省吃儉用的爸爸，他讓我知道錢的力量和重要性，並教導我如何惜福愛物。我也常常自我警惕，不要培養出一個奢華浪費的下一代，不然就是我的悲哀了！因此，我常常會帶我的孩子去房子，有時也會看一些我不願意買、或是現在還買不起的房子，目的只是在於教育她。

有一次我帶女兒參觀完帝寶後，我們又一起去看一間很糟的房子。從昏暗的樓梯上去，撲鼻而來的是一股腐臭味及酒味。窄小的二十坪房子裡面，住了十口以上的人。屋主的父親在客廳喝的爛醉，他母親則在佛堂前含淚念著阿彌陀佛，幾個小孩子光溜溜的只穿著內褲，臉上都是鼻涕跟口水，看起來已經好幾天沒洗澡了。而看起來唯一可以工作養家的壯丁卻坐在電視機前，漫無目的的按著電視遙控器。我女兒很震撼，她從來沒有親眼見過這樣的景象！

離開之後，我告訴女兒：「如果將來妳不努力，就會跟他們一樣，住在這樣的環境裡，或是跟這樣的人作鄰居。如果父母不努力，孩子也會受苦，所以爲了我們的家，媽媽才要很用心的工作。」對從小備受疼愛的女兒來說，這是一堂學校裡絕對學不到的課，也是無法想像的事。以前，女兒偶爾也會要求我不要上班，在家陪她，但是，我要讓她知道，媽媽之所以努力，是因爲要讓她過好的生活。貧窮並不是命運造成的，而是自己造成的。我要她知道，人的一切，都要靠自己！而且也有機會靠自己改變！

實戰CASE 8：百萬名床的故事

很多專家都預測，現在房地產已經到了高點，所以很多想買房子的人，就覺得房地產不能再買了！事實上，要買到物超所值的房子，還是很有機會的！爲什麼呢？你一定要相信，不管景氣好還是不好，這個社會上絕對少不了急需用錢的人！所謂「一文錢逼死英雄好漢」，一旦碰上屋主急售，你就大有機會買到低於行情價的好房子！

別說不可能唷！也千萬不要認爲我這種作法是趁火打劫喔！想想看，如果屋主急需用錢，房子卻賣不掉，就會被法拍！所以，即時出現的買主也未嘗不是屋主的救星呢！像這樣的案例，幾個月前我就曾經碰到過一次。

那是一間條件非常好、但價錢也很高的房子。區域的行情大約是三十五萬一坪，但屋主卻想要賣一坪四十萬。其實他的要求並不過份，因爲這位曾經大富大貴、呼風喚雨的的屋主，當初可是花了大筆銀子裝修房子，一坪的裝潢費用就超過了十萬元！所附的家具，都是價值數百萬元的奢華品！我在參觀完他的房子、躺過價值兩百萬的名床之後，我心裡只有一個念頭，就是：雖然屋主的裝潢很貴，但不適合我，我還是想以這地段的行情價：一坪三十五萬元買這間房子。

沒想到，隔了半個月，有一天凌晨三點鐘，我的電話竟瘋狂響起！我正覺得奇怪，哪個人會發神經在半夜三點鐘打電話給我？我接起了電話，原來，是房屋仲介打來的！他告訴我，那個千萬裝潢的屋主，在前一分鐘狂call仲介，求他說：「只要有誰，可以在明天早上讓我拿到五百萬元的現金，我就願意以一坪三十二萬低於行情的價碼、附帶裝潢家具一起出售！」仲介一聽，機不可失，立刻就打電話給我！但是，屋主的另一個條件就是，一個小時內就要拿到五百萬的訂金支票！

於是，我立刻起床，拿了支票簿就往仲介公司衝去！半夜四點鐘天母區精華路段的仲介公司裡燈火通明，二十四小時待命簽約的代書、和一頭澎澎如獅子頭的我，就這樣簽下了一筆快樂的買賣！

附帶一提的是，這間房子，從我決定購買，到簽約落地，又少了二十萬總價！你猜猜看是爲了什麼？關鍵就在於，簽約前，我隨口問了一聲屋主：「你那張價值百萬的名床，會留給我嗎？」結果，他竟然臉紅了起來！原來，因爲急著用錢，他已經將百萬名床給賣掉了！屋主覺得對我不好意思，所以主動又折了二十萬元房價給我！

不過，千萬不要以爲我佔到了便宜喔！因爲，我雖然記得問了那張百萬名床，卻忘了問，廚房料理檯上那些德國進口廚具及擺飾是否安在？等我隔天去現場看的時候，我才發現，那些名貴廚具也都

已經來去無蹤啦！啊哈，這讓我又學到了一次經驗！還好，這次的損失並不太高，畢竟低於行情的房價已經讓我大賺一筆了！我給我自己的處罰是：那天我必須走路回家！

也許下一次，你在路上看到我走路回家，那就是我又在懲罰我自己啦！因爲想要擺脫貧窮，開源跟節流都一樣重要喔！

淳淳的過來人叮嚀：投資快狠準、細節不要怕麻煩

投資理財，下決定時要明快，因爲很多機會一旦錯失了，很可能就再也等不到了！你不要驚訝，有些好房子，屋主想要賣，眞的能在一通電話、一分鐘之內就找到買家把房子給賣掉。另一方面，對於很多買賣契約的細節，都應該不要怕麻煩反覆確定。口頭約定不如白紙黑字寫清楚，該要注意的細節，一定都要問清楚、寫明白。

買賣房子時，合約很重要，所有雙方的要求，都應該註明在合約上。比方說，買賣的總價是多少、付款方式、簽約金額、應該附屬的裝潢或家具、貸款的條件、交屋時間等等。如果有輻射屋、海砂屋的疑慮，都應該事先要求做檢測，以免到時候起糾紛。合約越清楚，雙方越有保障。

另外，跟銀行申請支票簿很重要，像這個案例中如果你沒有個人支票就很麻煩，大半夜裡很少人身邊會放著五百萬的現金，也沒有銀行可以提領。而且，買賣房屋因爲金額較大，捧著現金危險又麻煩！

實戰CASE 9：差點栽在老朋友手上

每當房地產交易熱絡時，很多對房地產沒有熱忱、也不熟悉的人，也紛紛當起了仲介、賣起了房子，每個人遞出來的名片都是協理、專員、經理，他想印什麼就印什麼，除了具規模、直營的房屋公司職銜是不能隨便亂印的之外，其他的加盟體系你想印襄理、經理、執行長，基本上都不是大問題。他們只是希望你肯定他的身分之後，願意跟他們交易、買賣。

在這之中，我有一位十年不見的老朋友，忽然冒了出來。其實，說起來也不算是太熟的老朋友，只是個從前的泛泛之交，在出唱片的時候打過照面罷了。因爲他在同行口中得知我有興趣買房子置產，所以就來找我。平常對於買賣交易一向很謹愼的我，在看到老朋友時，忽然勾起以前的純眞年代，很高興的去看他介紹給我的房子。這就像是碰到小時候一起長大的鄰居或是同學，你會很自然的放下心防。他也是屬於房地產熱絡時期，加入經紀人這個行業的，當然他帶我去看房子也不是純心想害我，而是想幫公司增加業績，所以很熱忱的帶我去看很多房子。

問題就出在，我太相信他，而忘了要求看我每次去看房子時一定要看的書面資料。當他告訴我，文山區有一個八十坪的房子、一坪只要十五萬、總價共一千二百萬時，我一聽就覺得這是個千載難逢的好案子，不論是地段、環境、商圈及學區，都是上上之選，再加上價錢便宜，於是我很快的就下了斡旋金，還擔心屋主是不是算錯了價錢或是不懂行情？之後會不會後悔？光是斡旋金我就下了四十萬，比平常多了四倍！

當然，他們公司的每個人都興高采烈，不但看到「塑身女王」張淳淳的廬山眞面目，還成爲他們公司的客戶咧！當我到達他們公司要跟屋主、代書簽約買下房屋時，不但公司所有的員工都在，還燃放鞭炮歡迎我，讓我有種「媽祖出巡」的感覺，很不好意思！不過，雖然遇到老朋友讓我非常開心，也讓我有重回純眞年代的感覺，但一坐下來簽約時，我習慣性的就變得謹愼起來。

雖然我沒有看權狀、謄本，但我還是多問了代書一次坪數、價格。代書說：「沒錯，權狀八十坪、一坪十五萬、總價一千二百萬。」代書只說明到此，幸好在我要正式要簽約之前，我還是請他們將房屋的權狀、產權、建物都拿出來讓我看了一遍。當我一看到上面的「登記項目」時，我心中大喊一聲：「啊！糟糕！這下誤會可大了！」

原來，**這間房子所謂的八十坪，指的是包括露台和超高的公設部分**，當初因爲沒看權狀，所以我不知道陽台和露台是外推出去的，而且看了權狀之後才知道，說樓下隨時可以停車，結果地是別人的！如果八十坪的房子，是貨眞價實的每坪十五萬的話，一千二百萬的確是個好價錢！但是，如果是包括地下室和露台的話，可就不能這樣計算了！

一般來說，露台或地下室只能算一般房屋二樓價位的三分之一價格！所以，以這間房子來說，權狀的八十坪中有將近一半的露台，整體價差就損失了好幾百萬！但，這到底是我朋友的錯誤、不專業？還是我的疏忽和不謹愼所造成的呢？

雖然，大家興沖沖的來簽約，我也不忍心潑大家冷水，人說「人情留一線，日後好相見。」我也不想讓大家難爲，但還是得把事情處理好，要不然這房子我可買貴了！當我委婉的對我的朋友說明時，才發現他一點都不懂房地產！但是，眼看屋主就要來了，如果露台以三分之一價格算的話，成交價就會少了好幾百萬，不知道屋主是否同意？等屋主到了之後，我們將這個問題跟他說明，還好對方是個講理的人，我想他應該從頭到尾都知道這件事情，只是若是遇到個不懂的人，就可以賣貴一點！所以，這個結論是在他的預料當中的。因此，我們後來還是順利的解約了！店長後來對我的朋友說：「你來賣房子，反而是淳淳瞭解的比你還多，你這樣賣房子怎麼可能會有好業績呢？」我的朋友這才明白，要做房地產，眞的是要多做功課！

淳淳的過來人叮嚀：合理行情與價位，一定要先探聽清楚。

我還是要一再強調，所有的房屋資料，一定要看清楚再買。停車位是機械式還是平面坡道？公共設施佔比多少？地下室佔幾坪？陽台有沒有外推？加蓋有沒有算在內？都要看清楚。因爲，同樣是車位，平面坡道的車位價錢通常比機械式車位要來得高；公設高的房子室內實際面積一定會比較小；地下室的價格不能算在一般房價內；露台加建、頂樓加蓋和一樓如何計價……等等，差一點點就相差很多！

我曾經遇到一個中和的投資客要出讓八間套房，要賣六百五十萬，他聲稱他的套房一間可以月租七千元，但是因爲裡面都還有房客在住，所以不能看房子。算起來，一年房租有：

7000 × 8 × 12 ＝672000 元（一間 7000 租金×8 間套房×12 個月的年租金收益）

67 萬2 仟元÷650 ＝10.3%（年收益÷買賣總價）就算出投資報酬率了

這房子等於有十點三的投報率，但是，事實上探查過後，才發現八間房子裡有一半空著，而且平均一間的房租只有五千五百～六千元！

有時候，仔細勘查清楚，不但可以讓你減少損失，還可以讓你賺到錢！像有一次，我買了一間新

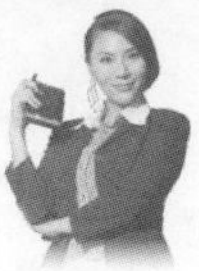

生北路的老店面，代書在過戶中幫我勘查房子時，發現老房子有尚未計算在內的面積，可以進行補登。於是，在簽約、過戶登記到我名下之後，就去申請補登面積。結果這間店面的權狀，竟然活生生的從二十八坪變成了三十四坪！以一坪三十萬元來說，我立刻就現賺一百八十萬！

實戰CASE10：家有惡鄰

我在永和秀朗國小附近，以一千三百二十萬買進了一間電梯華廈的六樓、七樓有加蓋、還有一個空中花園的房子，權狀四十八坪，但使用面積超過七十坪，另外還有一個坡道平面車位。當初屋主在賣的時候，他們隔壁的鄰居很想買下來給兒子結婚後住，但是因爲價錢出的很低，所以後來被我買走了。於是，麻煩的事就發生了！

當在這個鄰居後來知道自己出價太低、鄰居把房子賣掉之後，心裡很不是滋味，而當我覺得永和離我太遠，出租不易照顧、想將房子轉手賣掉的時候，他便一再的阻撓仲介人員看屋。每次有人來看屋，表示喜歡的時候，他便去告訴那個買家，這個房子我買了多少錢、現在想賣多少錢等等，讓買主打消買意。

這個鄰居的行徑，讓我這間房子過了許久還是無法售出。於是，我只好把房子簽專任約委託給一家上市上櫃的公司銷售，並很誠意的與鄰居溝通，希望他不要再因爲生氣而惡意的阻撓別人買屋、看屋。還好，這個鄰居後來接受溝通，不再故意去講些小話，也就讓我的這間房子可以讓仲介順利的帶看了！

淳淳的過來人叮嚀：好厝邊、壞買主

一般而言，鄰居要買同一棟或是同社區的房子，通常都不太容易成功。主要原因是因爲，他們心中總記著當初自己買進來的價格，而忽略經過時間的飛馳，現在的行情早已不同於以往。因此，鄰居通常都不太可能出到屋主想賣的行情價。事實上，這些鄰居未曾想到的就是：因爲行情的看漲，自己所擁有的房屋也擁有同樣的價值，如果破壞行情，事實上也等同於破壞自己擁有房子的行情，不是嗎？

實戰CASE11：七世夫妻

一般說來，通化夜市的房子在大安區來說，是被視爲是大安區的貧民區，店面雖然非常值錢，但住宅區價錢並不高。以安和路一坪四十五~六十萬來說，樂利路一坪約三十二~四十萬，基隆路或通化街末段，一坪三十~三十六萬之間，甚至條件差一點的房子，二十餘萬就可以買到。

有一次，我沿著基隆路慢跑，看到喬治商職附近有一棟高樓外觀不錯，就走進去跟管理員閒聊。結果，管理員告訴我，頂樓、邊間正在出售，屋主在金融機構上班，要自售、不交給仲介賣，但是開出了一坪三十二萬的天價！我去看了房子之後，非常喜歡，房子裡有大片的觀景窗，頂樓上有一個二百坪的開放公共空間，乾乾淨淨、空氣清新，景觀不輸給「信義之星」，還可以遠眺美麗華摩天輪及101大樓，視野非常開闊！但價錢天差地遠，一坪相差七十萬！

我問過管理員之後，知道頂樓一年只有兩天會有人上來，一天是中秋烤肉夜，另外一天是跨年時

看101放煙火，其餘時間幾乎不會有人上來使用。原屋主放置了一些孩子的溜滑梯、充氣游泳池在頂樓，小孩便多了一個珍貴卻不必花錢的空間可以使用。雖然，屋主開出的價錢偏高，但是我覺得它位在大安區，還是很有潛力，值得投資！最後，總共只殺價五萬元，我就買下來了！因爲屋主意志堅定如山，對價錢完全不肯讓步，我思考了一下，實在太喜歡他的稀有性及獨特性，因此還是決定買下。

在管委會同意下，我花了八萬元，在屋頂以竹子打造成電影「臥虎藏龍」般的竹林，營造出禪風景觀，所以很快就有人希望我能再度出售。不過，買方所出的價錢並未達到我願意割愛的理想。沒想到，有一天，仲介告訴我，他們收到一個高的離譜的斡旋金，對方出了一坪四十一萬元的高價！

這是一個很不尋常的狀況！通常，出高價購買者，要不，就是不懂行情；要不，就是這間屋子裡有他所要的東西！難道，這間房子裡埋有黃金嗎？

經過仲介旁敲側擊之後，才知道，這對出價者以前是一對情侶，曾經在這間房子裡租屋而居。但是後來因爲某些原因分手後，各自嫁娶，直到中年之後才又各自離婚。他們想要將年少時談戀愛所租住過的房子買回來，因爲擔心買不到，所以出了一個超高價！爲了證明他們所言不虛，他們告訴仲介，在這間房子的廁所管線上，他們曾經刻下他們的名字，並且劃上一顆愛心，發誓要作七世夫妻！我跟仲介在好奇心的驅使下，眞的請工人把牆壁挖開來看，果眞看到他們的愛的印記！

這一間房子，我後來算了一個整數賣給他們。因爲，像這樣永誌不渝的愛情，眞是太讓人感動了！而且，這一轉手，也讓我賺進三百萬囉！

實戰CASE12：僑委會的名單

星期假日，我經常花很多時間參加公益團體的活動，像是「創世基金會」或是「家扶中心」等等。因爲很多公益聚會的活動，都很喜歡來一段熱鬧的健康操炒熱開場氣氛，所以我經常受邀參加，也因此認識了很多大財團與企業界的人士。

有一年，僑委會邀請我去參加專門爲海外僑胞錄製的一個特別節目。我去參加錄影時發現，僑委會非常用心，除了希望海外華僑朋友知道台灣的最新流行脈動、時事風潮之外，還邀請我教大家跳一段健身操。通常，我參加活動多半都是錄完影就走人了，很少會逗留在現場，但是那一天我覺得導播很用心、很特別，因此錄完節目之後還跟現場的工作人員小聊了一下才走。

過了一個月，僑委會寄了一份正式的公函到我公司來。我嚇了一跳，還以爲自己在台上太搞笑了，所以僑委會來函指正我呢！打開公函看完之後，才知道我上次的表演，大受歡迎，很多華僑朋友表示喜愛，尤其是華僑的第二代，看到講話風趣的我以華語示範教學，覺得很特別；因爲他們在國外看到的運動示範，通常都是老外以英文示範的。他們詢問僑委會是否可以把我示範的運動操錄製成運動教學版DVD？僑委會就來函詢問我的意願，希望我同意授與錄製的版權。我看了之後，非常開心，馬上一口答應！於是，僑委會就錄製了第一次的光碟，沒想到，很快就被華僑索取一空！

因此，僑委會再度來函，打算再壓製更多的DVD發送，希望我提供兩張照片給他們印刷當作再版封面。僑委會告訴我，華僑朋友們很喜歡我在裡面教授的「八段錦」，他們要求多製作一些DVD。因此，這次壓片的數量，比以往更多！

有些海外僑胞雖然關心台灣，但是畢竟不住在這裡，時空相隔較遠，因此難免憂心台灣的政局，所以每次一遇到重大政治改變時，就會有一些華僑想要把台灣房地產出清，或是獲利了結。華僑陳媽媽就是其中一位。

當初，陳媽媽是透過僑委會跟我聯絡上的。她希望回到台灣時跟我上課，並要求用錄影機側拍下整個練習過程。我那時候心想，陳媽媽大老遠從美國來跟我上課，那麼我即使再忙，也應該抽出時間，陪她一起練練身體。所以，就安排了上課時間。但是第一次上課時，陳媽媽陰錯陽差的沒有側錄到上課內容，所以又約了第二次上課時間。第二次上課前，陳媽媽對我說，她家有一個空房間很適合上課，所以我們就約在她位於大安區的住宅。

我一進到她家，就被「煞」到了！大理石地磚、幽靜高雅的裝潢設計，就像是一個藝術館，所有建材、風貌都流露出上一輩大戶人家的輝煌氣勢。雖然談不上新穎，但絕對經得起時代考驗。不過，當時我並沒有非分之想，只是由衷的欣賞她買屋和裝潢的眼光。

上完課，我坐電梯下樓到中庭時，看到有一位仲介人員進來問管理員：「請問陳媽媽回來了嗎？」我這才靈光一閃，啊！陳媽媽這次回國，很可能就是要來處理掉房子的！因爲她的兒子們都在國外，房子沒人住，她又很珍惜裝潢，不可能租給別人。於是，我就打電話問她：「陳媽媽，我看到房屋仲介找妳，妳想要賣房子嗎？」她回答我：「我有好幾個房子想賣哩！」她說，她沒有時間處理房屋問題，只想在美國輕鬆的含飴弄孫、散步、遛狗。她希望把房子賣給有緣人。

我向她表達我有意願購買她的房子，本來以爲，陳媽媽應該會出個不錯的價錢給我，沒想到她說出價錢時，卻讓我卻步了！因爲她開出的金額，比她開給仲介的價格還貴個二、三百萬！其實，後來我才瞭解，跟熟人買屋都會有這個問題，因爲雙方都不好意思說出眞正想法，所以反而無法成交。當時因爲我手上的房子已經有點飽和，她開出的價位，讓我無法在短期內獲利，可能要自住一、二年才能打平。不過我還是很有阿Q精神，馬上轉而把訊息pass 給我身邊有能力購屋的好友。

因爲我看到陳媽媽台北五間房子的地址，都是台北市精華地段，絕對値得購買，而我的朋友們因爲不認識陳媽媽，沒有不好開口談價錢的問題，洽談過後買下的行情，都比陳媽媽開給我的價錢少了四、五百萬！我的五個朋友可都是樂壞囉！

淳淳的過來人叮嚀：失之東隅，收之桑榆

跟熟人買屋，就好像跟教練上課，他教別人是八百元，但他對你說：「我一堂課的學費是一千五百！」你聽了也不好意思跟他開口說：「八百塊可以嗎？你不是都收別人八百塊嗎？」所以，兩方都很尷尬。我能體諒陳媽媽的想法。但是因爲她老人家把話說死了，沒有台階可下，我也只想單純的陪她練身體比較自在，所以無法成交，但是我的朋友都愛死我了！因爲後來那五間房子都價格飛漲，現在可是賺翻了！

陳媽媽後來聽說我喜歡他的房子，但卻沒有開口殺價，她就用她可愛的大手帕，把僑委會的聯絡手冊，包裹起來當禮物，送給了我！這本手冊，就好像獅子會的會員手冊，每個人的聯絡電話都在裡面，都是私人手機喔！這本僑委會的手冊，讓我認識了更多跟陳媽媽一樣的王伯伯、李媽媽，當然，也有機會看到、買到更多的好房子！而且，因爲沒有利害關係，所以沒有「不好意思開口」的問題。這對我來說，可是額外的收穫呢！

實戰CASE13：幸福家庭的假象（建物、土地所有權人之重要性）

黃先生與黃太太可以說是一對人人稱羨的神仙眷屬。兩人結婚已經四十年了，仍然十分恩愛。黃太太是個傳統婦女，青春都獻給了先生、家庭；而黃先生，煙酒不沾，是所有人眼中的模範先生。黃太太每天早上都去公園跳跳元極舞，保持身材，她常覺得自己很幸福：這輩子她最棒的選擇就是嫁對了老公，三個孩子也都很爭氣，不但各個有成就，也都有了歸宿。

有一天，黃先生心血來潮，跟太太提議：「妳這輩子也沒有點私房錢，這樣吧！我們把原本大兒子跟大女兒的房間租給別人，房租就給妳攢下當私房錢吧！」

黃太太聽了老公的提議，覺得挺好，反正家裡大，沒人住的房間也是空著，於是就決定把房間出租。第二天，就有一個年輕女子陳小姐來看房子。陳小姐已經懷了五個月的身孕，想要跟他們租那間面向綠地的套房，她一毛錢都沒殺價，就租下來了！

陳小姐住進來了以後，黃太太給了她很多溫暖，把她當女兒一樣照顧。不但經常燉補湯水給她補身子，還邀她一起吃飯、一起散步。陳小姐從來沒有說過孩子的父親是誰？黃太太也從沒問過，總覺得她看起來乖乖巧巧的，說不定有什麼委屈不方便說，而且這好歹是人家的私事。孩子出生之後，黃先生跟黃太太更是對寶寶疼愛有加！黃太太經常會把小孩帶去散步，鄰居都以爲是她的孫子，紛紛對她說：「哇！這個小孩眞像你老公啊！」黃太太聽了不但不以爲忤，還很開心的笑著說：「我哪有這麼好福氣啊！有這麼可愛的孫子！不過，住在一起，還眞是越看越像了呢！」

就這樣，黃先生夫婦與陳小姐、寶寶，過了兩年快樂的生活。黃太太有時甚至想，還好她有陳小姐、寶寶作伴，讓生活多了許多樂趣！她全然沒有想到，她的幸福家庭，已然接近破滅邊緣！

寶寶兩歲生日那天，黃先生帶著蛋糕跟一瓶酒回來，三個人開心的幫寶寶吹蛋糕。黃太太笑著說：「要許三個願望喔！」喝了一點小酒的陳小姐，紅著臉說：「來！媽媽幫你許願！第一個願望，希望你快快長大！第二個願望是……我喜歡的人也可以光明正大的喜歡我。第三個願望就是，希望你的爸爸可以親親你、抱抱你！」沒想到，就在此時，喝了一點小酒的黃先生，竟顫抖的對寶寶伸出雙手說：「可憐的孩子！爸爸對不起你！爸爸每天都好想對你說，爸爸愛你！讓爸爸抱抱你！」

一旁的黃太太，彷彿遭到電擊般，五雷轟頂！不敢相信眼前這一切的她，心中百味雜陳，羞辱、憤恨、背判、欺騙剎時都湧上心頭，無法置信的黃太太發出了一聲淒厲的尖叫，這才把眼前這一對不倫戀人從淚眼婆娑中驚醒！原來，陳小姐是黃先生公司的新進員工，這是一段黃先生年近六十歲才遇到的忘年之愛。在陳小姐懷孕之後，黃先生竟然想出了這一招，以房屋出租的方式，妄想可以與兩個所愛的女人、小寶寶生活在一起！

黃先生向黃太太表示，願意把所有的財產都給她，唯一的願望就是希望可以跟陳小姐、小孩一起生活。陳小姐也不求名分，願意做小。但是，黃太太卻完全無法接受！她只希望這是一場惡夢，她要求陳小姐離開自己的先生，一切回到兩年前，就當作這件事從來沒有發生過！她不斷痛罵先生，說他不該糟蹋一個年輕女子的一生！她也怨懟自己，怎麼這麼遲鈍？竟然完全的被蒙在鼓裡！

隔了幾天，事情開始發生變化。黃先生對太太的態度逐漸變了。從感到罪惡、抱歉、願意彌補，到覺得厭煩、氣憤，甚至覺得太太是他跟陳小姐之間幸福的障礙。黃太太也感覺到先生的態度變了，從委曲求全、到冷言冷語，甚至開始惡言相向。有一天，她為了解悶，獨自去看了一部電影，電影中

的女主角說了一句話：「DON'T GET MAD，GET EVERYTHING！」（別動氣、要榨乾他！）她若有所悟。在跟女兒通完長途電話之後，她決定要把一切都拿回來！

幸好，黃家的房地產，都登記在黃太太的名下。雖然，房子的牆上貼滿了孩子的獎狀、牆上畫滿了三個孩子的身高表，黃太太對這間老屋心中充滿了不捨，但是，鄰里之間已經把他們家的故事當成茶餘飯後的話題了。所以，她毅然決定把房子賣掉、離開台灣，去美國跟女兒一起住。房子經過估價之後，只有六百萬，但是馬上就有一位買家願意出價買下，完全沒有殺價！黃太太沒有多想，就把房子賣掉，出國去了。

五年之後，黃太太才在女兒陪伴下再度回到台灣。已經從傷心中復原的她，心中有一個謎題很想解開。她很想知道，是誰買了她的房子？

當她重回舊地去按門鈴時，出來應門的，是一個十四、十五歲的美麗少女。黃太太的女兒代替媽媽詢問對方：「我們小時候在這個房子長大，可以請妳再讓我們看看這個屋子嗎？」對方欣然答應。

進入了這間充滿回憶的舊房子，大家的話匣子也打開了。美麗少女說，她從小跟媽媽住在花蓮，五年前，家裡有了變故，只好搬來台北。「我爸爸有三個老婆，不、不、不，應該是說我爸爸跟第三個老婆生下小孩時，被大老婆發現，大老婆一氣之下要離婚把這個房子賣了，於是我爸爸請別人幫他買下來，然後叫我跟媽媽從花蓮搬上來台北住。」

黃太太一聽之下，心中嘆息不已：原來先生的外遇不只一個！而自己竟然被騙了這麼久！「那現在呢？妳爸爸跟妳媽媽、三老婆都還住在這裡嗎？」女孩搖搖頭：「爸爸跟三老婆搬到別的地方去了！只有我跟媽媽住在這裡。」從聊天中，黃太太才知道，原來，黃先生的心中有一個荒唐的夢，他一直希望所有老婆都可以住在一起，成爲一家人！少女嗤之以鼻的說：「拜託喔！都什麼時代了！還三妻四妾咧！又不是古代的皇帝！不過爸爸對我們不錯啦！我從小到大，不愁吃、穿，爸爸都會按時寄錢來。」

黃太太直到這一刻，才明白，原來黃先生的另外三個女人，都先後進駐過這一間房子。撫著老房子的牆壁，黃太太心想：「或許，眞正瞭解黃先生所有秘密的，只有這間老房子了吧！」

淳淳的過來人叮嚀：記得當房屋的持有人

看了以上的故事，你要留意，合法的買賣房子或土地，唯一有權決定賣出的人，必需是房子的持有人——即房子建物、土地權狀上的所有權人。以上故事若所有權人是花心的黃先生，那黃太太不可能有權賣屋換錢、度過後半生。若所有權人是夫妻共同持有，只要有一個人不同意賣出，這房子也會賣不掉。反之，也有不少人出錢買屋後，把所有權登記在人頭或不孝子女及友人名下，屆時房子被正大光明的賣掉，就欲哭無淚、官司打不停。

所以，不管你是單身、已婚、或是二度單身的女性，記得在和另一半共同購屋時，要懂得保障自己的權益，將自己登記爲房屋持有人，不要隨便將房子過戶到別人的名下、並保留自己曾經爲房屋付貸款等等的證據。所謂「不怕一萬、只怕萬一」，甜甜蜜蜜過一生固然很好，萬一發生狀況時自己仍然有保障也很重要！女人要有雙才，除了身材與錢財，記得也要多累積智慧之財喔！

Chapter 13

理財富媽媽實戰演練篇（四）：交屋、合購不得不小心之自保22條

童年時期所受的情緒教養對性格有深遠的影響，可使天賦能力傾向強化或減弱。

～～丹尼爾・高曼

交屋狀況千百種：預售屋、中古屋、法拍屋

買房子後，「交屋」也是一門大學問！怎麼樣在「交屋」的時候順利進行、不吃虧，這可是要特別注意的喔！

A.預售屋交屋注意事項：

1. 建材問題：

買預售屋時首先要注意的，就是交屋時，是否與你當初購屋前，建商所提供的樣品屋及承諾有所差異。當初建商在給你看樣品屋時，建材跟設備與交屋的眞品完全一樣嗎？很多建商的欺瞞手法，是以比較便宜的次級品代替給妳看的高級樣品。像是磁磚、地板、大理石的材質、尺寸，差異性都很大。廚具也是一門大學問。當初你看到的進口高級廚具，有可能變成國產的一般廚具，或是原本承諾的是「鋼琴烤漆」，現在變成一般烤漆。衛浴用品也是很容易偷工減料的部分：浴缸、馬桶、洗臉盆，是台製、大陸進口或是歐美進口，價差都很大。

這些部分只要當時在購買的合約中註明，交屋時都可以驗收。無論你發現的是輕微還是重大的交屋瑕疵，建商爲了口碑好、負責任的招牌，相信都會獲得合理的解釋而賠償，或是依屋主的要求，更換爲原來在樣品屋上所看到、合約上所註明的建材。因此，在購買預售屋時，一定要記得留下證據，

參觀樣品屋時最好拍下照片、影片，或是保留建商當初印製的廣告DM……等等，作爲日後與建商爭取、談判的憑據。

另外比較困難的部分，則是在外觀上看不出來的施工瑕疵。比如說蓋房子時鋼筋的尺寸、混凝土的強度、磅數，以及水管、電管、瓦斯管的材料，甚至有些標榜引進溫泉入宅的建築，到底是不是眞的溫泉？這些都是不容易看出來的。那這個部分該怎麼辦呢？淳淳建議，在購買預售屋時，選擇優良的建商，一切就不用太擔心了！永續經營的企業重視企業形象，較在意自家產品的口碑，所以這類糾紛會比較少發生。

2. 面積問題：

交屋時還有一點不容易發現的部分，就是「面積不足」。比如說，你買的是室內面積五十坪的房子，但交屋後實際測量才發現室內面積只有四十五坪。那麼，假設一坪三十萬，你就立刻損失了一百五十萬元！但是，面積的問題用肉眼很難估計，這時候，不妨花一點小錢請專人丈量。只要丈量出來的面積，跟合約上載明的有誤差，那麼就可以要求建商提出補償辦法，或是退還價差。

3. 公用設施問題：

買賣預售屋容易起糾紛的，還有一項，就是公共設施跟廣告或建商承諾產生差異。很多預售屋都打著如夢似幻的公設以招徠消費者，比方說健身房、游泳池、SPA館、網球、撞球間、兒童遊戲室等。結果交屋住進去後才發現，有的公設根本就沒有，要不就是非常狹小、設備不足；兒童遊戲室只擺了幾顆球或是PVC娃娃屋，健身房只有一台跑步機，跟當初看到的廣告差了十萬八千里！這類問題詢問建商時，得到的答案經常讓人哭笑不得，例如有一個預售屋的廣告詞是：「在家游泳，就像

在太平洋一樣過癮！」但交屋後，購屋者才發現，游泳池極爲狹小。詢問售屋人員，得到的答案卻是：「妳只要來回一直游、也可以像在太平洋中游泳一樣啊！」還有的廣告，標榜可以與心愛的人在芬多精森林步道中牽手欣賞黃昏落日，結果交屋後才發現，落日步道還得要開三十分鐘的車程才有！諸如此類的公設糾紛，其實也要在合約中載明，免得日後產生糾紛。

4.工期延誤：

有的時候，賣房子的人怕買房子的人遲交錢，因此會制訂懲罰條款，如按日罰款等等。但是，買預售屋還有一個常見的問題，就是建商延遲交屋。如果建商逾期交屋，買家可以就契約內容裡的罰款方式或違約條款，要求建商賠償或罰款，最高違約金不能超過房屋總價的百分之十五。這種狀況大多發生在房屋賣的不理想時、或是天氣的問題作祟下造成。前者會讓建商資金周轉不靈，後者則因爲挖地基、灌漿泥作工程、以及外漆工程等等，因下雨而無法正常施工，受到天候影響而延誤。

5.停車位：

停車位的規格跟位置也要特別注意。有一個買家，買了一棟豪宅，卻因爲停車位和建商出了糾紛。原來，交屋後才發現停車位太小，屋主的大賓士車停好之後，車門無法開啓，竟沒有空間可以開門下車！這時，就要看當初跟建商購買的停車位，設計圖是否與交屋後實際坪數吻合，如果不吻合，那建商就要負責，比如說以其他空的車位跟你交換、或是減少購屋的價金。

6.店面：

買房子的時候，四周的鄰居、環境也很重要，有一句名言叫千金買屋、萬金買鄰。有一個眞實案例是這樣的：有一個高級社區商店街中的一排店面，其中竟新開了一間棺材舖！這下可好，旁邊賣高爾夫球具、高級進口服飾的商家，全都痛不欲生、傷透腦筋！那該怎麼辦呢？棺材店老闆也是貨眞價實付錢買店面來經營的啊！後來，抗爭頻頻上演，這間棺材店讓整個社區的價錢一直跌落，最後，正隔壁的商家只好用高於是高於行情五百萬的價格，將棺材店的店面買下來，租給一家花店承租。

你瞧瞧，一家花店和棺材店，對一個高級住宅區的房價及形象，差別是多麼的大啊！

7.管理費：

預售屋的入住率不超過百分之三十時，很容易發生管理費的爭議。因爲入住的屋主和沒有入住的屋主繳交的費用不同，未賣出的房屋則沒有管理費收入，所以這時便會產生一個模糊的管理費灰色地帶。如果你買的是造鎮大社區，可能買屋時一坪才二十萬元，但是每個月管理費一坪卻要繳個二百元高於同等行情的三至五倍，所以到底管理費要怎麼算？是以坪數來算、還是以戶數來算？一樓店面是否跟其他樓層不同計費？停車位、地下室管理費怎麼算？管理委員會選出與否？都要向代銷公司或建商問清楚。因爲建設公司必需提撥一定比例的金額來成立管理委員會，而後續管理委員會的好壞也會影響房屋的增值或貶值及你居住的品質。

8.逃生設備及門鎖：

只要是預售屋，都有公共逃生的樓梯間。目前，大部分的新屋，只要超過二樓的樓層，都裝設有自動下降的安全繩索，中古屋卻沒有。所以，爲了自身安全，不妨自費另行裝置。無論是中古屋或是預售屋，交屋後一定要把房子的土地所有權狀正本、建築物所有權狀正本、房屋保固證明書都取得完全，而賣方所有的房屋鑰匙、磁卡、或是密碼鎖、指紋鎖最好都更新一遍，比較安全，通常電子式的鎖因造價昂貴均可要求更改密碼而不必換新的，但會被複製的一般鎖，基於安全最好更新。

B.中古屋交屋注意事項：

1. 爭取權益的方法：

如果你是透過有品牌的仲介公司購買房子，在交屋時，仲介公司一定會替你爭取買賣雙方該有的權益。如果是自行跟屋主接洽，那麼記得一定要找位朋友當黑臉替你爭取權益。就淳淳的經驗來說，反而是跟鄰居、認識的朋友買屋最麻煩，如果對方心地善良也就罷了，萬一碰到難纏或是黑心肝的話，通常是最不好處理的！所以如果是自己買屋，要格外注意，最好把會產生糾紛的事情在買賣時，請代書當著雙方的面都白紙黑字的寫下來，口說無憑，以免將來出現糾紛對簿公堂。

2. 水電管線：

購買中古屋時最重要的就是要確定房屋的管線有沒有問題。因此，看屋時，不妨藉機去上個洗手間，而且每個馬桶都沖個水試試看，丟十張衛生紙下去，看能不能順暢沖掉。如果購買的是二樓，那麼大概丟個幾張衛生紙即可，因爲通常大樓的管線都集中在二樓，所以二樓的馬桶排水是比較弱的。如果買的房子樓層很高、那麼水壓不足，也會有這個問題。另外，不管是廚房、廁所、陽台或是洗衣機、或是噴灑花園的水管，都要檢查一遍，看看是否順暢，有無漏水滲水的現象。

我曾經買過一個中古屋，當我想檢查廚房、廁所水管是不是正常時，屋主告訴我當天大樓正在洗水塔，所以沒有水可以讓我檢查。等到交屋，我進去看時，才發現廚房、陽台、洗衣間的水管，全都是封死的、假的！而且廚房根本沒有熱水管，洗衣間水管也不通。我那時才後悔，當初根本就不應該急著簽交屋同意書，應該等水塔清洗完之後，再試一次才對！你一定會問，那原屋主呢？早就找不到人啦！

3. 防漏：

中古屋買賣，最麻煩的就是漏水問題。可能是窗邊幾公分，也有可能是整個屋頂、整面牆，交屋時每個窗戶邊緣都要看一看，是否因爲沒有雨遮而讓窗台滲水、漏水？還有天花板、牆壁，是否有滲水、壁癌、漏水的現象？如果是花些小錢就可以修補拯救的屋況你只要算一算修補的費用，如果在你可以接受的範圍這也是可以跟賣方議價的機會，如果修補漏水只要十五萬元，但屋主因這缺點而少算你三十萬元，你還倒賺十五萬元不是嗎？

大部分的防漏問題都是由買賣雙方互相協定，如果約定漏水保固由買方自行負責的話，淳淳建議只要是超過二十五年以上的房子，一定要問一下電管跟水管是否曾經換新？如果沒有，裝潢時最好全部換新，以策安全。如果你怕買來的房子牆壁跟陽台的防水沒有做完善，記得要在跟屋主簽約時註明，如果發生漏水現象，是由屋主負責還是買家負責。這通常跟買屋的價金有關，如果房子便宜，可能就是因爲屋主不想負責處理這些雜項事物，要你自己負責。如果你買的價錢，是合理的價錢，那麼屋主就應該要負責修繕完全。所以簽約時一定要仔細在合約上載明修復漏水的責任歸屬。有的仲介公司有「房屋保固期限」，明訂交屋後半年或一年內都會全權負責。

4. 家具：

購屋時，屋主承諾要送你的家具，大型的像是沙發、廚具，小件的像是餐具、家電、盆栽，交屋時是否都跟承諾的一模一樣呢？購屋後，在辦手續的期間，房子尚未屬於你，屋主有權利進出房屋，因此屋裡的家具，是可能生變的！

我曾經有一個活生生的經驗。有一次，我幫朋友去看一間房子，這間房子裝潢華麗，屋主對於他

所選的家具感情濃厚。但是，爲了想賣出一個好價錢，屋主承諾要把所有看得到的家具都送給我的朋友。我在一旁，看出屋主的不捨，於是就請仲介問他，如果他願意將房價降低一點，那麼我們可以不要他的家具，或是他可以把他心愛的化妝台帶走。但是，屋主卻回答他願意忍痛割愛。於是我就請我的朋友跟仲介商量，第一，請仲介在每個房子的角落，只要有物品的地方都拍照存證，另外，因爲進口沙發仿製品甚多，所以我又請仲介到書局去買了一包圓圓的貼紙，請他技巧的貼在家具的底部，以防掉包。

果然，交屋時，我們發現沙發底部的貼紙不見了！屋主偷天換日的換上了比較便宜的複製品，把眞品搬走了！我的朋友很生氣，覺得屋主不老實，欺騙了他。於是，仲介很技巧的將狀況告訴屋主，屋主很不好意思，允諾將原本的沙發搬回來。但我的朋友不想要了，最後以退還屋價三十萬元的方式解決。

房屋交易，金額不是小數目，防人之心不可無，這一些購屋的自保小技巧，千萬別忘記喔！

5.鄰居相處：

買中古屋交屋時，不妨誠懇的問問屋主，他跟左右鄰居相處的情形。如果你的前屋主跟鄰居相處的不錯，那你就輕鬆了，只要繼續維持好關係即可。萬一他跟鄰居有些糾紛，相處不是十分和諧，那你不妨藉由送點小禮品、蛋糕，拉近彼此的關係。畢竟當你要入住前一定會在裝潢期間及搬家之際打擾到鄰居，與鄰居交惡會是很麻煩的一件事，先打點好，總之遠親不如近鄰，應以和爲貴！

6.違建問題：

中古屋所有的違建，都要確定加蓋的時間，以確保不會被拆。通常頂樓加蓋的房子，房價會比一般的樓層貴一些，但是萬一加蓋的部分是新違建，就隨時有可能被檢舉拆除，那麼，你多付的錢可就拿不回來了！比方說，前屋主在房子的外圍蓋了陽光棚，之前的鄰居可能基於情誼不會去檢舉、報拆，但是換了不一樣的屋主，就有可能被報拆。所以，究竟會不會被拆，買賣之前就要註明，以免後續問題產生時，造成你的損失。

7.雜費的交接：

中古屋交屋時，會遇到水電費、管理費、瓦斯費、清潔費、有線電視費用等的交接問題，應該要做清楚的劃分，這時我比較建議，讓賣方多留一點錢，比如說：一萬元，在仲介公司或代書那裡保管，未來以多退少補的方式來計算，一般屋主都會接受的！畢竟大部分的房屋買賣金額都很高，相形之下，這個部分算是小case，不太會造成爭議。不過，我也遇過一次貪小便宜的賣家。水電費一般說來，普通小家庭單月用到四千元算是很高的了，通常費用稍微多出一點，我也不太會計較，因此我們在簽約時就以這個數目做認定。然而，那一次交屋後，隔月我竟收到三萬多元的水電瓦斯費帳單！我實在不瞭解他們到底是怎麼用水、用電的？不過這樣的人畢竟是少數，我建議雙方都以交屋時彼此平日正常負擔的費用為基準，就可以了。

C.法拍屋交屋注意事項：

法拍屋算是比較另類的房地產買賣，買房子的人多半都希望能夠趕快開始裝潢，或是盡快遷入，但是買法拍屋就沒有辦法。在所有買賣中，最令人頭大的，大概就屬法拍屋的點交了！如果，你去投標法拍屋的時候，資料上就清楚寫明是「點交」，就表示在法律判決上，住在裡面的人是「依法」遷走的，那麼交屋時就比較容易一些。如果碰到的是「不點交」的投標物，那麼問題就比較多了！

1.點交的法拍屋

不過，有點交的房子也不一定就完全沒有問題。如果，你希望住在裡面的人可以提早搬出去、早點交屋，就得跟裡面住的人協調，對方可能會要你補貼一點搬家費用，但是記得，千萬不要讓對方獅子大開口。如果你擔心對方報復、破壞房子的裝潢或設備，最好是透過中間人有技巧的協談。否則，如果依照法院程序點交的法拍屋，動作快的話二個月，慢的話，也可能拖上五個月才交屋！但是，想買法拍屋的消費者也不用太喪氣，因為，透過合理的談判、金錢的彌補，加上耐心等待，問題通常都是可以解決的！

仲介朋友曾經告訴我，有人為了點交法拍屋，甚至還驚動了「霹靂小組」！

那是一間已經點交的法拍屋，因此書記官帶著鎖匠，陪同買方前往屋子準備要請屋主點交、搬出房子。沒想到，一開門，就發現裡面每一個人都抱著一桶瓦斯，男主人手上還拿著打火機，準備隨時同歸於盡！當時，在場的人都嚇壞了，而且已經聞到微微的瓦斯味，為了怕鬧出人命，書記官立刻通知警方「霹靂小組」前來支援！幸好，最後在書記官技巧的溝通談判下，順利完成點交。

但是，另一個案例就沒有那麼幸運了！

有一位付不出利息的屋主，被銀行判定法拍，在法拍現場，他發現他的鄰居竟然也參加了法拍屋的競標，於是，滿肚子的火都發在鄰居身上！憤怒的他意圖報復，竟與太太合力將六桶滿滿的汽油與瓦斯槍通通拿到鄰居家，用瓦斯槍對準鄰居的臉，引爆汽油桶！三更半夜，五桶汽油連續爆炸，造成好幾條人命傷亡，以及難以彌補的傷害！

2.與海蟑螂談判

買賣法拍屋時，經常遇到一種人，他們佔用房屋，只是爲了要錢，這就是所謂的「海蟑螂」！因爲他們的目標就是要錢，就算你找專業法拍公司代爲解決問題，多多少少還是得花上一筆錢！所以，要標法拍屋的民眾，必須要在競標時把這種花費算進預算裡。通常，解決海蟑螂的搬家費用，大約是購屋總價的5%~20%。我曾經聽說有海蟑螂，爲了要讓已經標下法拍屋的買家多付一點錢，甚至在屋子裡面佯稱聚集愛滋病患，意圖藉由這樣的行爲，讓買家心生恐懼而多付一點錢！海蟑螂通常會以租屋的方式霸佔法拍屋，如果在溝通時不滿意，甚至會在馬桶、水管、鑰匙孔裡灌水泥，破壞房子的結構。

不過，再狠的人也有柔軟的一面。我聽說過一個幹了這行二十幾年的一個老蟑螂，他原本霸佔在某間屋子裡，想要跟買家討錢，沒想到，買這一間法拍屋的人是一群身心殘障的弱勢團體，當他想到年紀大到無法行走的長輩、還有躺在病床上等待死亡的殘障者時，鐵石心腸的他竟然發了惻隱之心，不但把破壞過的房子修復，還自掏腰包七萬塊排除障礙，幫助這一群身心障礙者順利入住！

合購房屋的注意事項：

有一陣子，我有個員工小婷，上班時精神不濟，經我詢問，她才告訴我說，她跟男友合租的套房，因爲隔音設備不佳，每到晚上不是人聲鼎沸、大吵大鬧，就是嗯嗯阿阿的，讓人整晚睡不好。於是，我便鼓勵他們存錢購屋，我告訴她，兩人合買房子，除了可藉由愛的小屋來改善居住問題之外，還可以增值、存錢。小婷聽了十分嚮往，但是又有點害怕，她問：「雖然我很愛男友，可是，相愛容

易相守難，我們分開買屋能力不足，合買的話，萬一有一天分手了怎麼辦呢？」

合買房子的確要注意這個權益問題。無論是相守一輩子的夫妻、或是相識多年的好友，都不免有這個疑慮。其實，這樣的問題是可以用一些技巧來保障自己與對方的！淳淳建議，兩個人想一起買房子時，可以選擇以下幾種方式：

1. 共同持有：

小婷跟男友無論是要購買房屋或土地，在跟代書簽約時，皆以兩個人的名義共同持有、共同借款，各佔百分之五十，貸款也是各出一半。

如果房屋登記權狀、土地權狀擁有者都是小婷的名字，但是銀行借款人是男友。這樣有利於小婷。反之，則有利於男友。如果力求公平不單獨保障任何一方的話，可以用共同持有的方式購屋。

2. 分為借款人與擔保人

另外一個方法，就是房屋及土地登記都以小婷的名字，男友則登記爲借款人。但是，由小婷擔任房子的擔保人。但是這樣的方式，要注意兩人當中絕對不能有刷卡不還、信用不良、或是曾經跳票、債信不良的紀錄。因爲，其中一個人的債信不良會影響到另一個人。

很多進步國家的夫妻會簽訂婚前協議，小婷尚未結婚，雖然深愛男友，但在所有費用上都應該一人一半、說清楚比較好。兩個人一起共同擁有房子的好處是，其中一個人不能夠偷偷賣屋，只要小婷不提供印鑑、簽名，房子就不能賣出，連貸款、抵押都必須經過小婷的同意才可以，是一種牽制效果的保障。做好安全控制，房子就會成爲兩個人的共同財產，但房子的印鑑章跟權狀分開持有，或放在具有公信力的律師、代書所在的銀行保險箱，而印鑑章跟權狀則分別由兩人各自保管，這樣，就算哪一方想要賣房子或是落跑，都不用擔心囉！

如果，你還是不太懂我所說的，簡單的方式就是直接告訴幫忙處理購屋手續的代書，把兩人所希望的狀況告訴他，讓代書來幫你們擬定公平的合約，保護雙方各自的立場，代書會幫你注意這些問題。

3. 報稅問題

買房子之後，每一年報稅時可以享有購屋利息的免稅額，但是因爲要貸款憑證，因此只有借款人可以擁有這項權利。如果貸款人是男友的話，免稅額就是屬於男友的。

4. 借款問題

借款人以有固定工作、固定薪資的人，會有比較好的貸款條件，如果從自由業的小婷跟有固定薪資的男友來看的話，以男友爲借款人是比較好的。而小婷只要沒有債信問題，當擔保人也是沒問題的！

5. 合夥購屋的理想人數

我曾經買過一間在林志玲新居旁邊中正區的房子，十個兄弟同時繼承了一間透天厝，結果卻因爲這一間房子，導致兄弟鬩牆、水火不容。原因是因爲有人想賣、有人不願意，有人覺得跟兄弟姊妹住在一起不方便，有人覺得家產分配不公平，結果這十個人所擁有的透天厝，最後變成仲介業者的燙手山芋！最後，在九個人同意、一個人反對的狀況下協議賣出。但十個兄弟卻因此感情破裂，見面分錢時，連招呼都不打一聲！

所以合買房子時，登記的人還是越少越好，免得到時候麻煩多多！不過很多大企業都是集資買

地、共同獲利，所以也不必過度擔心，有智慧的人懂得運用團結力量大的方式結盟賺錢，但反之遇到成事不足敗事有餘的合作者，不但賺不到錢還會招來一身腥、痛不欲生！只要懂得如何保障到自己也保障對方，一切就沒問題囉！

Chapter 14

搭上高鐵投資致富列車

台北市房價偏高　高鐵沿線成新目標

在世界各地，房地產都是帶動經濟的火車頭。在台灣，台北則是打響房市的第一炮！

由於台北市是首善之區，就像日本的東京、大陸的上海、美國的紐約，每當台灣中南部的年輕人，認爲自己在當地事業發展受到限制，或是對未來懷有夢想時，就會想要到商業重鎭的台北來發展。所以，任何國家的重要城市精華地段和台北市的房地產，不論是租或是賣，因爲僧多粥少，買方永遠都存在，而使得台北的房市在飆漲時，總會飆的比別人快；而在跌價的時候，卻會跌的比別人慢。

但是台北市的高房價，對許多剛要進場投資、或是自住的購屋族而言，的確是有點辛苦。再加上每當房地產一飆漲時，無論是投資客或是有資金的置產家會因了解購買房地產是抗通貨膨脹、防止錢變小變薄的有效理財法。因此，你想買到好房子，就要學這些有錢人，必須要多做功課，最好就像是勤跑基層的里長一樣，一定要多看、多找，想辦法用不同的思路去開發新案件。否則你可能就只好眼睜睜的看著別人找到好的投資地點，而你卻只能聞香空嘆！買不到好房子，投資致富的機率當然就大大的減低了！

如果你在台北市找不到便宜的好房子，先別急著放棄！隨著高鐵八大站的啓用，台灣由南到北，自左營、台南、台中、新竹、桃園、板橋、台北、南港，都因爲高鐵的興建，帶動了周邊的房地產地價，將原先不值錢的地，一坪標高數十倍、百倍而造就了許多億萬富翁。

我公司裡的小秘書，她原本家裡留下來新竹高鐵特區的土地，因縣政府再度徵收土地變更用途，使得原本低價的農地瞬間高漲、成了寸土寸金的搶手貨，我朋友常都跟我開玩笑：妳們家秘書都比妳有錢，妳有事情都叫她來決定好了。

你羨慕這樣簡單的致富方式嗎？還來得及嗎？現在，淳淳就要由南到北，和大家分享如何搭上高鐵這班快速致富的列車，讓你除了光是後悔沒在二十年前就慧眼獨具的買下房地產，當個「田僑仔」之外，還來得及在高鐵通車之後趕快選對標的、加碼下注、補賺回來喔！

A.左營高鐵新站特區

隨著左營區「高鐵105號」這塊燙金的門牌號碼，許多原本只能做做左營阿兵哥生意的商家，開始逐漸的有了不同的生機。左營一直往外遷移的年輕人也慢慢回籠，逐漸讓左營變成一個朝氣蓬勃的新生地。以左營而言，它最具潛力的地區，當然就是同時有高鐵、台鐵、捷運三鐵經過，也就是我們所謂「三鐵共構」的地段。這個黃金地段在哪裡呢？就在左營的「新站特區」！三鐵共構不但讓新車站的商圈帶來更多的人潮，也勢必讓此區的金店面一翻好幾倍，利潤倍增。

在「巫松路」一帶，有一位身材超辣的檳榔西施，小小年紀因爲要負擔家計，所以就在「我最辣」檳榔店打工。細心的她慢慢發現，向她買檳榔的客人，從以前只有操著南部腔的道地高雄人，慢慢的擴展到多了許多以菲律賓台語對著她喊「青葉仔一盒」的菲勞和印勞了！

想要擺脫貧窮的她，突然發現到：在左營這個小地方，看來好像有個重大工程在建設進行中。因爲她常常羨慕有錢人的生活，所以在報章媒體或電視中知道，如果有重大建設，土地和房屋的行情便會上漲。因此，她向外籍勞工撒嬌、打聽情報，得知左營「新站特區」就是左營高鐵的所在地，也表

示是未來最具潛力之處！於是，她就想辦法跟家裡借了一點錢，去買下了一間小店面。左營高鐵通車後，地價預期般飛漲，果然有很大的獲利空間！想當然爾，現在這位可愛的檳榔妹，再也不用在寒風中穿著暴露、讓別人眼睛吃冰淇淋啦！左營檳榔妹翻身變成地產小富婆很羨慕嗎？其實只要是有看到這個機會的人都可以一樣賺到錢！就看你是否把握住囉！

B.高雄美術館豪宅區

高雄房地產，近來漲跌可以說是非常的兩極化！有的新建案，可以熱銷到兩個月內就賣出所謂的全壘打銷售量！但也有些兩年多前推的舊案子，不論是成屋或是預售屋，就是賣不好。我推敲可能是因爲這兩年高雄Motel林立的關係，而且很多地主惜售養地不賣地。兩年來，高雄的房子無論是在建材、建築和設計上，都已經大大的提升，所以兩年前的案子，相形之下就稍嫌外觀老舊、不討喜，裝潢也不夠時尚了！因此，雖然現在高雄的房市已逐漸回暖，但是這些高雄在地人或是投資客都知道的舊案件，卻還是銷售不如人意，我想主要就是因爲建商已經投下大筆資金，不願意再花裝潢費來讓房屋外觀做一些改變，因此造成新的建案熱銷，但是新成屋乏人問津的狀況。

因此，就算現在高雄的房價只有台北的四分之一，但看屋的人雖多，卻只有那些明星級地區才有明顯增高的交易量。目前，高雄全區在建材、建築和設計、防震最好的地區，便是高雄美術館一帶的豪宅，這些美術館第一排房子的熱銷，也順便帶動了附近中古屋的行情，一坪大約17~30萬，價格明顯的比其他周邊區域的一坪9~14萬要好很多。

C.高雄捷運、百貨商圈

高雄本身其實並沒有高鐵站，但是高雄卻將開通兩條捷運線，分別是「高雄紅線」以及「高雄橘線」。想要在高雄藉著「高雄紅線」來買屋致富的人，要留意的是：「高雄紅線」是由小港站為起點，一路由國際機場→前鎮→前鎮高中→世貿→勞工公園→三多商圈→新堀江→大港埔→高雄車站→後驛→凹子底→三民家商→植物園→蓮池潭→半屏山→油廠國小→楠梓加工區→和平國中→都會公園→第一科大→橋頭糖廠→橋頭火車→崗山。在「高雄紅線」這20多個站周圍，只要你買的是每個站的出口、人潮聚集商圈終將成形之處，我相信，下一個致富的人就是你啦！

當然，你絕對不要買到兩個站之間只是捷運「咻」一下就過去的地方，那樣的增值速度會比較慢，除非你想把房子放個五年八年，否則還是要選擇捷運停靠站，才是比較有潛力的地區呦！

接下來我們再來看看「高雄橘線」的潛力。西子灣→鹽埕埔→市議會→大港埔→信義國小→文化中心→五塊厝→技擊館→衛武營→自由市場→鳳山→大東→鳳山國中→大寮。這些都有機會可以追上現在價錢已居高不下的新堀江商圈或六合夜市商圈，以及現在崛起的「夢時代」等新型大百貨公司。而根據世界名牌在高雄的銷售量顯示，高雄人的財富是十分驚人的！高雄人特有的熱情，就像高雄的太陽一樣「很火熱」，而且高雄在重大交通發展之外，政黨每年也提出非常棒的建設案，來讓支持他們的民眾繼續投他們一票。這些都是支持房地產上漲的條件，千萬不要低估！

D.旗津碼頭是觀光新寵

另外，高雄市政府在這些年的努力之下，也漸漸的將高雄變成一個觀光城市。當然，這些觀光發展及都市發展局的計畫，也是我們買屋致富的優選地區。其中之一便是「旗津」的觀光碼頭！旗津的漁港，有旗津人特別開朗的個性及旗津海鮮的鮮美，「眞愛碼頭」、「旗津漁港」更被高雄海洋局視為觀光旅遊的重要景點。九十六年二月十六日，旗津兩大碼頭都已經完工，並且高雄交通局在完工的

第二天，便開放渡輪，讓大家欣賞新碼頭的美！想像一下，湛藍的海水，加上藝術化的巨柱，以及美麗的階梯及涼亭，旗津的碼頭，裝飾得分外動人，不但可以戲水逐浪，還可以觀賞朝陽及落日的美景！絕對不輸台北的漁人碼頭喔！喜歡高雄這塊純眞土地、喜歡享受這些獨特美景的的遊客們，到此一遊時，當然也就帶動了渡輪站的人潮和周邊商家的錢潮啦！

談到高雄，絕對當然也不能忽視「都發局」一連串開發旗津和高雄市區熱鬧商圈（三多商圈）的重要計畫，這個計畫還包含跨港的纜車興建計畫，還有「勞動女性紀念公園」。不過，對於在公園周邊投資的人，我會建議你要先考量此處的發展，因爲「二十五淑女墓」具有歷史價值的意義，是養工處及勞工局爲了紀念因工作而罹難的女性而設立的紀念公園。現在雖然已經完成規劃設計，也預定要在民國九十六年辦理發包，但是你還是要留意、觀察周邊發展潛力，是否有投資的效益。

E.愛河沿岸豪宅區

除了旗津觀光區之外，中都工業區的都市變更計畫也是值得期待的一塊寶地。中都工業區最讓大家津津樂道的，就是現在已經可以看見成效的愛河沿岸高品質豪宅！這一區現在也是熱門搶手區，畢竟住在波光粼粼、遠眺近看愛河美景的豪宅中，景觀與舒適度都是極佳的！

F.鐵路地下化的改變

行政院在九十五年一月十九日，通過了「台鐵捷運化」改建案，這就表示原本高雄地面上縱橫的鐵路，也將要與台北市一樣，從地面走到地底下了！原本鐵路沿線靠鐵路發財的金店面、或是因爲鐵路從門前經過而一文不值的住家一樓，預料也將會因爲台鐵預計在民國一○四年計畫完工後，發生顯著的變化。就像台北到宜蘭的雪山隧道通車後，坪林原本的觀光客大量流失，許多商家生意做不下去、顧客只有小貓二、三隻，商圈變得蕭條，生意一落千丈，店面歇業的歇業、轉行的轉行，房地產也失去了原本的利益。

爲什麼呢？雪山隧道在尚未通車之前，到宜蘭遊玩的人都要沿著九彎十八拐到坪林休憩，順道買名產、喝水、吃小吃，因此，當地觀光盛行，商家生意興隆、日進斗金。但是，雪山隧道通車之後，大家再也不會經過這些路段，於是車潮不見了、人潮消失了，錢潮當然也不在了！我前一陣子經過坪林，看到當地蕭索的模樣，完全不復以前人聲鼎沸的盛況！不禁感慨於交通所帶來的改變，竟會如此之大！

因此，高雄鐵路地下化之後，鐵路沿線原本的金店面、商家，可能就要及早思考房地產脫手、轉型或是早早買下鐵路開通後會賺錢的區域。而原本是一樓的住家，也可能面臨是不是會變成大馬路邊金店面？或是恢復單純住家？這都是不同的思考模式。

G.台南科學園區

隨著高鐵的地圖北上，我要和你討論的是台南。

我有一位好朋友是台南姑娘，她就是有「小鄧麗君」美譽的名歌手蔡幸娟。我記得阿娟第一次帶我到台南小北夜市的時候，她熱情的款待我們一行人吃鱔魚麵線、棺材板，還有用錢也買不到的「蔡媽媽愛心茶葉蛋」！所以我對台南有獨特的好感。

以高鐵通車之後的狀況而言，我推測台南山的五期及永康大橋地區是非常具有潛力的發財區。爲什麼會這麼說呢？因爲在台南科學園區以及永康創意技術園區，將來會有許多電子業、高科技業的人才進駐，勢必發展成繼竹科之後的另一個科學園區。所以，就如同新竹科學園區的情形一樣，大量的

科技新貴湧入之後，一定會有住屋需求，而電子科技新貴們，無論在財力上、住家品質的要求上，都會有一定的水準，因此，新興建的住宅大樓是勢在必行的！而新的建案一定會帶動周邊的地價上揚，這是可預期的不變眞理，所以科學園區的房價攀升，絕對是可期待的。

H.台中七期重劃區與高鐵站特區

接下來，我們就來聊聊讓香港首富李家誠的兒子——李澤楷眼睛爲之一亮的台中市！

台中的好山、好水、好天氣，有人視爲台灣最適合人居住的城市。長久以來，它的降雨天數最低，幾乎一年四季的好陽光，比起台北來可以說是地廣人善、物產豐富，居住起來讓人心情愉快。現任的台中市長胡自強，是我非常敬佩的一位極具魅力及創意的大家長，我相信有他在的地方就充滿了芬多精、希望和陽光，所以我非常熱愛並看好台中的房地產！

台中的「七期」是兵家必爭之地！一棟棟推出的大豪宅，三、四百坪以上的別墅、綠意盎然的庭院，還有私人游泳池；小的豪宅也有一百坪以上！目前，這個區域市場正在穩健的增值中；但是，要留意的是，如果你是要短期投資而非自住等待長期增值，就必須選擇具有機能性的地區，而不是周邊沒有發展的地區喔！例如：如果你買的房子到便利商店買個衛生紙要開車超過十分鐘，那麼就要考慮一下這裡的人口密集度，是否足夠支撐房地產往上衝了？

除非你具有點石成金、變更土地的專業知識或技術，否則還是對未開發、尚未完全被肯定價格的房市下手時步步爲營的好。台中因爲處在三大科學園區的正中位置，將來園區內所有的工程師、員工、大老闆，都將會是要在此消費或租屋、居住的族群，所以台中站特區的房地產也是非常值得期待的。

沿著台中人和投資客喜愛的台中七期漫步，你會發現惠來路、文心路、河南路、惠中路及市政北一路，也越來越繁榮。新光三越百貨商圈附近、美術館周圍，目前也因進駐的人口水準越來越高，純住宅區的地價也呈現欣欣向榮的繁榮面貌。

I. 投資台中，勿跟隨不確定的消息

李澤楷在九十六年三月十七日來到台中後，爲台中的房地產多加了一把火！台中的朋友一定別錯過大財團到台中投資的夢想，多多觀察外資財團的動向，不要重蹈當年迪士尼想要投資「月眉」計畫的覆轍，白白把能讓台灣老百姓賺錢的笑嘻嘻、數錢數到手抽筋，又能站上國際舞台的機會又往外推！

但是在這種口耳相傳之時，要小心不要胡亂聽信小道消息！別以爲只有小老百姓會被小道消息騙，連大財團和立委都會誤判！例如之前很多大財團和立委誤信「台灣將會開放澎湖開設觀光賭場」的訊息，在澎湖買了很多土地，結果事與願違，完全是錯誤的期待。不過人家是好野人，還有本事等待，換了一般小老百姓，現在恐怕早就套牢而不知道被法拍、銀拍……拍到九霄雲外的哪裡去了咧！所以還是以平常心來選擇標的物，挑選一些就算屆時李澤楷不投資了，只是坐下來吃塊太陽餅喝杯珍珠奶茶就走，卻還是可以穩賺不賠的區域比較安心。

大財團像李嘉誠、李澤楷、川普等，這些懂得創造財富的聰明人或財團，他們對於投資都是非常謹慎小心的。只要有任何不確定的因素，例如產權不易取得或是政治的不穩定因素，對這些大財團來說，他們都會在投資上變得更保守，苗頭一不對，一定閃的比誰都快、避之唯恐不及！畢竟他們有錢，所以有太多的市場可以投資，他們不會把錢放在一個不確定、不穩定的地區。香港首富是這樣投

資，我們升斗小民沒有什麼錢更不能大意，因爲他如果賠了十億，對他來說就像我們的一千元，除了買經驗之外不會傷到他的本，但對我們來說，這可是不吃不喝一輩子也還不完的！這就是我們要比大財團更小心謹愼的原因。

當李澤楷刮起一陣台中房地產熱後，台中水湳機場附近一位土生土長的歐巴桑，眼眶含淚的表示，自從以前的機場關閉之後，她每天都希望她一天只要吃一餐就能飽，因爲她越來越賺不到錢了！她多麼希望財團的投資可以讓這個已經被大家遺忘的地區，而重新燃起新的希望、帶來新的風貌。

所以淳淳要提醒所有想投資台中房市的人，一定要先撇開李澤楷是否會來投資這件事，冷靜的選擇標的物，否則萬一李澤楷覺得投資計畫困難重重而踩煞車時，屆時你就會因爲不夠冷靜判斷，而成爲房地產炒作下犧牲掉的老百姓！

J.台中購屋，要特別注意房屋建材

一九九九年九月二十一日，全台灣遭遇到一個強度達到七點三級的「九二一大地震」，中台灣的災情最爲嚴重，台中縣市有二八〇三棟房屋全毀，並且有一一三人死亡，同時也有三七四三棟房屋半倒、半毀不能住人。

這個事件告訴我們，有的房子全毀、有的半倒，有的屹立不搖，狀況有多嚴重，除了是否位於震央之外，最重要的就是房屋的建材和建商。因此，選擇房地產一定要非常的謹愼、小心，非知名建商所蓋的房屋，格外要謹愼考慮。「九二一」之後這個地區的房地產不但停擺，也幾乎成了當地人買屋賣屋、破財的夢魘，所以像以前混凝土ＲＣ製造或是加強磚造的房屋，慢慢的都被台中現在黃金地段「七期」的鋼骨結構所取代，而且好房子會特別加強防震結構，這些都是投資台中預售屋以及新成屋

最需要注意的，以免下一個地震來襲時，血本無歸、欲哭無淚，想賺錢，卻賺到了遺憾！當然我們期待世界上的每一個角落都不要再發生這樣的天災，但是防範於未然確是必要的！這也是我們在九二一大地震之後，該學習到的課程，否則我們等於白繳了學費、白流了眼淚，不是嗎？

K.法拍市場買土地

我對台中的房市相當看好。在我做瘦身事業的這些年當中，許多幫助我的廠商、大老闆都是台中人，他們的工廠也都設在台中，這些大老闆在大陸賺錢賺得幾輩子都花不完！我有一個朋友，中國大陸甚至在經貿區用他公司的名字做路名呢！但他一心只想回到溫暖的台中，住在台中舒適的房子裡、喝一杯道地的珍珠奶茶、吃一口鳳梨酥、太陽餅！因此在兩岸眞正互通之前，我們這些小老百姓能夠把握的機會，就是在政策晦暗之間，房地產上漲的「可能」。這就像當年香港回歸中國時，許多悲觀的民眾拋售房地產，覺得前途一片黯淡，這時，對香港有信心的人就趁機接手，後來香港回歸後，房地產恢復原有的景氣，當時逢低承接的人，立刻大賺一筆！

去年以前，台中的房屋交易市場不佳，無論是土地、成屋、預售屋、新成屋的交易量都非常低，所以有很多繳不出利息、斷頭的屋主，讓房子淪落爲法拍屋。如果，你現在想要進場投資、或是打算買屋自住，但是覺得價格太高時，那麼你不妨試試看台中的法拍市場，或許有機會可以撿到潛力好的發財屋喔！不過要記得，如果可以選擇的標的不是黃金地區的豪宅或大廈，那就要選擇具有增值潛力、可改建的透天厝以及土地。

L.新竹高鐵六站和科學園區

阿福伯當了一輩子的農人，從種稻米到種青菜，一輩子每天就是穿著汗衫、戴著斗笠，過著城市人沒辦法想像的農夫生活。他和老伴相依爲命，因爲覺得新竹風城風大、財不大；風強、未來前途不強，從沒想過這輩子要在新竹發財。生活裡最大的幸福，就是慶幸老伴沒有早走一步。他和老伴每天用著比菜瓜布還要粗的手，拿著鋤頭在土地裡種下一棵棵希望的種子來維生，夫妻倆從沒想過會因爲腳下這塊土地，而成了億萬富翁！

在高鐵尚未通車之前，這塊土地想送給孩子們，都沒有半個人要；因爲年輕人才不想種田、種菜，辛勞一生。然而，現在，阿福伯夫妻卻因爲這塊土地而鹹魚翻身，因爲國家徵收了他們的土地，讓他們窮人大翻身！在新竹，有太多這樣的奇蹟故事，在羨慕阿福伯的同時，如果你家中的土地，沒有被高鐵青睞由石頭變鑽石，那也不要喪氣，淳淳要和你分享新竹高鐵通車之後的發財潛力區！

目前，新竹高鐵以「竹北縣治特區」爲未來的地產明星，在竹鐵縣治特區有高鐵六家站，因爲高鐵六家站緊鄰「縣治二期重劃區」，所以讓這兩個串在一起的區域，形成一條龍般的發展區域。當然，新竹的人除了吃米粉之外，對縣政府所在區的周邊「新竹生醫科學園區」更是耳熟能詳，除了可以感受他們響叮噹的名氣和明星級的魅力之外，如果要在這些地方投入市場，價錢已經不是你過去幾個月所想像的進場價囉！

光明三路、光明六路以及縣政二街、縣政三街，都是還可以下手的潛力區，至於新竹城隍廟夜市這邊，已經是有錢也買不到囉！現在，你就要用你的眼光，在這些還有上漲空間的地區創造第二個金店面和黃金屋，這就是你的功課了！不過，千萬別太衝動，別做第一個烈士！記得新竹曾經很熱鬧的開了間百貨公司，但是現在這間百貨公司連招商都困難重重，沒有廠商願意進駐！很奇怪吧？新竹的發展十分有趣，這幾年隨著竹科帶動了整個繁榮，所有的投資風向球都指向新興發展的區域，新竹原本熱鬧的地區，反而因為在都市發展計畫時忽略了街道、巷弄的整體計畫，以至於想在新竹投資的人，都不會選擇價錢已經降不下來的舊黃金地區。他們就好像一位貴婦人，雖然滿身珠光寶氣、美艷動人，但卻沒有人敢掀起她的面紗和她約會！這些房屋賣價雖高，但卻乏人問津，反觀竹北卻像是個活力充沛的小女生，年輕的她雖然還沒有錢，但卻擁有無比的潛力，有希望從清湯掛麵的蔡依林轉眼間變成天后身價！

M.桃園法拍屋獲利多

在高鐵通車前，桃園這個小姑娘，可說是舅舅不疼、姥姥不愛。沿著桃園火車站和廟口的周邊商圈，就算再繁榮，也一直不見房價往周圍延展攀升上去。桃園的房地產冬天持續了很久，房屋仲介公司一家家的關，隨著桃園工業區的工廠生產線和廠房關廠、向大陸西移後，高鐵通車前的桃園房地產，幾乎是沒有人敢大膽投資的！大家只盼望著房地產不要跌價就阿彌陀佛、謝天謝地了！

然而自從高鐵一九九九年三月開始動工至今，將近八年後，在二〇〇七年一月正式通車營運，桃園人體會到因為高鐵將北部、南部串連起來後，形成了一日生活圈的型態，也讓桃園的房地產打了一劑強心針！但這一劑強心針並沒有讓桃園的房地產市場活起來。由於高鐵桃園站的方圓四周交通建設均尚未完工，遲遲未到位，想要投資桃園房地產的外來客、或是桃園當地人，目前還是持保守的觀望態度。

由於桃園少了新竹園區的工程師和工作人員的買氣，目前房市還是屬於低檔低價，只有高鐵青埔站因為有巨蛋主題、園區及國際會展中心的話題炒作，所以青埔高鐵站已是桃園地區現在最強強滾、可供投資獲利的地點。在桃園投資的朋友，可多留意九九年捷運完工後所帶來的周邊投資利潤。至於

在桃園落地生根或是想往外發展的房屋持有人，除了青埔站之外，不妨選擇銀拍屋、金拍屋或是法拍屋，會是很好的獲利型商品！因爲許多人在此區房子賣也賣不掉的情況下，閒置空擺在那後，選擇六個月不付銀行利息，讓房產成爲法拍屋，所以桃園的法拍屋有許多都已經到了應買持拍，就是所謂的四拍之後的了，價錢十分低檔！

建議您在桃園這個地方，最好要買透天厝，盡量避免買小套房。因爲像是台北、高雄這樣的大都會區，小套房已經是銀行拒絕辦理貸款的產品，以桃園來說，這樣的產品更不容易獲利。在這個地區，用現金買套房的人，除非是有特殊需求或自住，想要轉手獲利是非常不容易，很容易被套牢、認賠出場。建議你如果想要投資的話，一定要買從土地價值獲利的透天厝，最好是超過三、四十年，並符合政府規定可以重新拆除改建的透天厝！但是在購買之前，最好請你的代書或是專業的房仲人員，先把這塊土地的地籍資料調出來看看，是否有產權不清、或是土地大小限制無法開發等相關規定，再下手投資。

N.板橋高鐵站

當我還在觀望板橋是否能投資時，我發現每天只要打開電視就可以看到天后阿妹代言的房地產！等我去深入瞭解後，我才知道，這個案子的預售屋竟然已經賣到四十萬一坪！板橋這個潛力發財區，就在我的忽略當中，慢慢的發展起來了！

板橋之所以一下子就發展起來，有一個重要因素，就是這是第一個三鐵共構的站，特別是新板特區及其周邊，現在已經有人獲利了結了！未來，環狀捷運在此交會，所以板橋現在正是具有增值潛力的地區。遠東百貨商圈目前這個購物商城中心外圍，已經開始慢慢發展、熱鬧了起來，你可以在新板特區尚未發達前的板橋文化路來挑選案子，或是像中山一路，還有縣民大道、漢生東路一帶，選擇你的標的物。板橋雖然已經漲了一波，但未來的潛力，還是值得期待的！

如果你選擇的是板橋的中古屋，請多留意房子的棟距、巷寬及馬路和馬路邊的距離，盡量選擇未來像台北市忠孝東路如此寬敞的四線道、八線道的道路邊。如果沒有辦法買在大馬路邊，至少要買在馬路上的第一條靜巷中。既然有錢買房子投資，當然希望它為你賺錢增值，千萬別買現在可以便宜到手、將來賣出時一坪只多個幾千元的地區！要記住，現在要挖的是寶，可別拔到了草！否則十年後別人賣房子時吃香喝辣、財物倍增，你卻是扣掉房屋稅、契稅、代書仲介費後，多不了幾文錢！買房子時，一定要記住老祖先那句話：「男怕入錯行，女怕嫁錯郎！」買房子也要有這樣的觀念，你才會有個「好野人」的後半輩子喔！

O.台北車站二樓店面

高鐵在台北火車站，形成了五鐵共構。除了三鐵之外，另外兩鐵就是機場捷運以及全省公路、客運，例如阿囉哈、飛狗巴士的匯集地。台北市的帝王點就在站前新光三越，或許將來會被信義區的101所取代，但是原本行情一直很好的台北高鐵站，更因為高鐵的加持讓原本像是蒙上灰塵的台北火車站周圍，慢慢的恢復了以往的活力。

有時我會向朋友們說：台北火車站好像演藝圈裡的高凌風大哥，以前有著巨星級的地位，慢慢的褪色後，大家也逐漸的忘了他的存在；但他還是非常有潛力的！高鐵通車後，台北車站就好像復出後的高凌風大哥，再次受到所有人的注目和掌聲。原來有潛力、有實力的地段，就像是巨星一樣，永遠都不寂寞。

在高鐵捷運站尚未成形前，沒買到市民大道、中山北路一段、承德路、公園路、南陽街和忠孝西路的人，現在都要搥胸頓足啦！因爲現在每坪的行情比起一年前都多了八、九萬元！現在要買，除了追高之外，也很難買到便宜的案件了！如果現在想要購買高鐵四周中古屋的話，除了有高投報率及容易轉手獲利的店面外，買住家型產品一定要特別注意房屋的格局。爲什麼呢？因爲三十年前的台北四周、後火車站地區，已經非常熱鬧，是寸土寸金的商圈，所以很多地主都不願和別人一起合建，是單獨一棟棟的蓋起自己的黃金屋，所以土地取得不完整。在這樣的情形下，房子的格局很難方方正正，所以選擇老舊房屋時，可以以格局作爲買屋的考量。

不過，目前此區已屬商業區，鮮少有住宅型商品，所以對於沒有辦法擁有這麼多資金買一樓高價位店面的人，選擇「二樓店面」是不錯的新選擇。如果逛街的時候仔細觀察一下，你會發現騎樓上常有樓梯，引導你往上走一層樓去逛二樓的店面！這是在金店面一位難求的情況下，而衍生出的新投資產品！以前，二樓店面都是髮廊、牙醫，但是慢慢的，這樣的商品已經被國人的消費習慣接受了，所以現在二樓型的店面，也是你可以開發的獲利產品。

台北是台灣的重鎮，只要在每年選舉時，看到政府官員定要爭得這個地區的舞台，就知道台北市擁有比其他地區更多的資源。這個地域最缺的，就是你是否有足夠的資金、投資標的、及正確投資的觀念，台北這個地方造就了太多的房地產富翁，你不會是第一個，也不會是最後一個！所以我們都有機會因爲台北的發展而賺到第一桶金。

P.南港

高鐵北端終點站，來到了南港。南港雖然預定在二〇一一年啓用，但這個利多的消息，早已經讓南港的房地產沸騰了起來！

高鐵的順風車還沒有通到南港，但是南港的房市已經像搭上火箭筒般的一飛沖天了！淳淳實在不敢說南港好，因爲現在南港的房價越來越高，像我這種買房不眨眼的殺手個性，都不敢在南港追高價錢時買房地產了！南港除了擁有三鐵共構的優勢外，還因爲鄰近台北信義區，相隔不到十分鐘的車程，每坪房價卻相差十萬元不止！南港的優勢除了離信義計畫區近之外，還有昆陽捷運站、又有三鐵共構的加持，再加上五星級大飯店的進駐、世貿二館對企業招商產生的吸金效應，及南港軟體園區所帶動的工作人潮、消費人群，同時北宜高速公路起點及汐止較偏僻的居民帶動到南港，令南港的房價節節高昇！

目前南港路、重陽路、三重路是這個階段大家已經看到行情飆漲的地區，如果要進場購買，淳淳建議由這幾個飆漲區的「周遭」下手，會是較佳的選擇。

臺北市大安地政事務所
建物所有權狀
所有權人：張淳淳
統一編號：C220757087
建物標示：
坐　落：大安區大安段二小段
建　號：01863-000建號
門牌號：復興南路2段151巷33號6樓之1
建築完成日期：民國079年10月27日
主要建材：鋼筋混凝土造
主要用途：住家用
建物層數：六層
層　次：六層
面　積：*****52.15平方公尺
總面積：*****52.15平方公尺
附屬建物：陽台　露台
面　積：******6.80平方公尺*****29.35平方公尺
權利範圍：全部
建物坐落地號：大安段二小段 0495-0000地號
共同使用部分：
大安段二小段 01854-000 建號****102.21平方公尺
權利範圍：*****10000分之389*******
以上建物所有權業經依法登記完畢，合行發給本權狀以憑執管。
主任

番外附錄：
張淳淳教你看懂建物（房屋）謄本

（範本一）

台北市建物登記第二類謄本（建號全部）

大安區通化段二小段 018[redacted]-[redacted]00建號

列印時間：民國096年07月05日11時41分　　頁次：1

台北市大安地政事務所　主任 簡玉昆　　本案係依照分層負責規定授權承辦人員核發
大安登謄字第031544號　　列印人員：童吉昇
資料管轄機關：台北市大安地政事務所　　本謄本核發機關：台北市大安地政事務所

*** 建物標示部 ***

登記日期：民國083年10月27日　　登記原因：第一次登記
[redacted]
建物坐落地號：通化段二小段 ××××-0000
主要用途：住家用　　主要建材：鋼筋混凝土造
層　　數：五層　　總面積：*****31.55平方公尺
層　　次：四層　　層次面積：*****31.55平方公尺
建築完成日期：民國083年08月09日
附屬建物用途：陽台　　面積：******8.35平方公尺
露台　　******3.61平方公尺
花台　　******1.70平方公尺
共同部分：通化段二小段0××××-000建號****214.62平方公尺
權利範圍：*****10000分之965*******
其他登記事項：使用執照字號：83字35５號

A 住家用
B ××××-0000
C 鋼筋混凝土造
D 陽台 露台 花台
E 8.35平方公尺
F 層　數 層　次
G 通化段二小段0××××-000建號****214.62平方公尺 *****10000分之965*******

*** 建[物所有權部] ***

（0001）登記次序：0006
登記日期：民國095年09月28日　　登記原因：買賣
原因發生日期：民國095年09月08日
所有權人：[redacted]
住　　址：[redacted]
權利範圍：全部　　權狀字號：095北大字第011869號
相關他項權利登記次序：0007-000
其他登記事項：（空白）

H 買賣
I 所有權人
J 權利範圍

*** 建物他項權利部 ***

（0001）登記次序：0007-000　　權利種類：抵押權
收件年期：民國095年　　字號：大安字第381880號
登記日期：民國095年09月28日　　登記原因：設定
權 利 人：合作金庫商業銀行股份有限公司
住　　址：台北市中正區館前路７７號
債權範圍：全部
權利價值：最高限額新台幣****6,440,000元正
存續期間：自095年09月22日至135年09月21日
清償日期：依照各個契約約定
利　　息：依照各個契約約定
遲延利息：依照各個契約約定
違 約 金：依照各個契約約定
債 務 人：[redacted]
權利標的：所有權
標的登記次序：0006
設定權利範圍：全部　　證明書字號：095北大字第009324號
設定義務人：[redacted]
共同擔保地號　：通化段二小段 0[redacted]-0000
共同擔保建號　：通化段二小段 0[redacted]-000
其他登記事項：（空白）

<本謄本列印完畢>

K 權 利 人
L 權利價值：最高限額新台幣****6,440,000元正
M 林先生

臺北市大安地政事務所

（範本一）、房屋謄本

A．要注意是否爲「住家用」、「商業用」或「防空避難室」，以符合購屋者自己的需求。

B．本建物座落之土地地號，有時不只一筆地號。

C．有「SRC」（鋼骨）、「RC」（鋼筋混凝土）「加強磚造」或「木造」等……銀行對「加強磚造」或「木造」的房子貸款成數較低、條件較差。

D．陽台：直上方有遮蔽物。露台：直上方無遮蔽物。花台：建築物沿建築物線部分之陽台得突出外線，作爲花台。（「直上方」：建築法規用語：就是指頭頂的正上方）

E．一般需換算成我們熟知的「坪」數。例：8.35平方公尺×0.3025＝2.52坪

F．層數：總樓層，層次：所在樓層這裡指的就是：5樓公寓的第4樓

G．公共設施部分：將建築的總公設×權利範圍持分＝這間房屋的公設214.62平方公尺×10000之965＝20.71平方公尺20.71平方公尺×0.3025＝6.27坪

H．你可以由這裡看出登記房屋持有者轉換的原因是：正常買賣、法拍、繼承或是贈與。

I．登記所有人，也就是屋主。

J．房屋所有人的持分比例。如果是一人以上共同持分，就會有多張權狀，比如說兩人各登記2分之1……等等。

K．第一順位債權人，通常爲銀行。

L．這就是所謂「設定」。通常銀行設定是實際可貸最高金額加上兩成，例如實貸八百萬，會

設定一千萬。所以你可以從權狀上的設定得知前一任屋主的貸款金額。

M．即借款人，通常是屋主。但如果是甲借乙的房子去設定貸款，那麼設定債務人就會是甲，而非屋主。

（範本二）、房屋謄本

A．本屋座落在4筆土地上，所以有4個地號。

B．平台：一樓陽台爲平台。

C．除本屋建號0221X-000之外，另有建號0222X-000，表示還有另一建築，通常是車位，或是屋主在本棟另有一戶建物。若是屋主在同一棟有兩戶以上建物，且未將銀行設定分開，就會登記在共同擔保的建號上，需查明實況，以免錯估銀行貸款成數。

（範本二）

台北市建物登記第二類謄本（建號全部）

大安區大安段一小段 02[redacted]-000建號

列印時間：民國096年07月05日11時41分　　頁次：1

台北市大安地政事務所　主任　簡玉昆　　本案係依照分層負責規定授權承辦人員核發
大安登謄字第031544號　　列印人員：童吉昇
資料管轄機關：台北市大安地政事務所　　本謄本核發機關：台北市大安地政事務所

＊＊＊　建物標示部　＊＊＊

登記日期：民國078年02月11日
建物門牌：[redacted]
建物坐落地號：大安段一小段　01X8-0000　01X9-0000　02X4-0000　02X5-0000
主要用途：住家用　　主要建材：鋼筋混凝土造
層　　數：七層　　總面積：****161.81平方公尺
層　　次：一層　　層次面積：****161.81平方公尺
建築完成日期：民國077年12月23日
附屬建物用途：平台　　面積：*****21.02平方公尺
　　　　地下一層　　****228.15平方公尺
共同部分：大安段一小段02[redacted]-000建號****130.91平方公尺
權利範圍：*****10000分之1294*******
其他登記事項：使用執照字號：77年使870號

A 01X8-0000　01X9-0000　02X4-0000　02X5-0000

B 平台

＊＊＊　建物所有權部　＊＊＊

（0001）登記次序：0003
登記日期：民國091年06月19日　　登記原因：買賣
原因發生日期：民國091年05月29日
　所有權人：[redacted]
　住　　址：[redacted]
權利範圍：全部　　權狀字號：091北大字第005190號
相關他項權利登記次序：0002-000
其他登記事項：（空白）

＊＊＊　建物他項權利部　＊＊＊

（0001）登記次序：0002-000　　權利種類：抵押權
收件年期：民國091年　　字號：大安字第176530號
登記日期：民國091年06月19日　　登記原因：設定
　權 利 人：華南商業銀行股份有限公司
　住　　址：台北市中正區重慶南路一段３８號
債權範圍：全部
權利價值：最高限額新台幣***30,000,000元正
存續期間：自091年06月14日至131年06月13日
清償日期：依照各個契約約定
利　　息：依照各個契約約定
遲延利息：依照各個契約約定
違 約 金：依照各個契約約定
債 務 人：[redacted]
權利標的：所有權
標的登記次序：0003
設定權利範圍：全部　　證明書字號：091北大字第004175號
設定義務人：[redacted]
共同擔保地號　：大安段一小段 [redacted]

共同擔保建號　：大安段一小段 0221X-000　0222X-000
其他登記事項　：（空白）

<本謄本列印完畢>

C 大安段一小段 0221X-000　0222X-000

臺北市大安地政事務所

（範本三）

建物登記第二類謄本（部分）

大安區學府段一小段 0300[redacted]-000建號

列印時間：民國095年08月16日16時31分　　　　頁次：1

本謄本係網路申領之電子謄本，由東鑫國際開發有限公司自行列印
謄本檢查號：095AF138813REG6C60E21EA475EAF60D6
64002A0FC3，可至：http://land.hinet.net 查驗本謄本之正確性
大安地政事務所　主　任　　簡玉昆
大安電謄字第138813號
資料管轄機關：台北市大安地政事務所　　　　謄本核發機關：台北市大安地政事務所

****************　建物標示部　******************

登記日期：民國095年08月03日　　　　登記原因：門牌整編
建物門牌：[redacted]街５７號地下一層、地下二層
建物坐落地號：學府段一小段　048[redacted]-0000
主要用途：停車空間
主要建材：鋼骨鋼筋混凝土造
層　　數：011層　　　　總面積：****278.69平方公尺
層　　次：地下一層　　　　層次面積：*****57.97平方公尺
　　　　　地下二層　　　　****220.72平方公尺
建築完成日期：民國092年01月16日
　共用部分：學府段一小段030X0-000建號****898.52平方公尺
　　權利範圍：*****10000分之10********
　　　　　　學府段一小段030X1-000建號****470.08平方公尺
　　權利範圍：*****10000分之2464******
其他登記事項：使用
　　　　　　（權
　　　　　　建築
　　　　　　停車
　　　　　　本建

A 建物門牌：[redacted]街５７號地下一層、地下二層

B 共用部分：學府段一小段030×0-000建號****898.52平方公尺
　權利範圍：*****10000分之10********
　　　　　學府段一小段030×1-000建號****470.08平方公尺

****************　建物所有權部　****************

（0001）登記次序：0014
登記日期：民國094年04月18日　　　　登記原因：買賣
原因發生日期：民國094年04月08日
　所有權人：[redacted]
[redacted]
權利範圍：********26分之10********
權狀字號：095北大字第009362號
相關他項權利登記次序：0012-000
其他登記事項：車位編號：２６、２８、３１、３４、３７至４２號

C ********26分之10********
２６、２８、３１、３４、３７至４２號

****************　建物他項權利部

（0001）登記次序：0012-000　　　　權利種類：抵押權
收件年期：民國094年　　　　字號：大安字第118950號
登記日期：民國094年04月18日　　　　登記原因：設定
　權 利 人：國泰世華商業銀行股份有限公司
　住　　址：台北市松仁路７號一樓
債權範圍：全部
權利價值：本金最高限額新台幣***10,140,000元正
存續期間：自094年04月14日至124年04月13日
清償日期：依照各個契約約定
利　　息：依照各個契約約定
遲延利息：依照各個契約約定
違 約 金：依照各個契約約定
債 務 人：[redacted]
權利標的：所有權
標的登記次序：0014
設定權利範圍：　********26分之10********
設定義務人：[redacted]

（續次頁）

（範本三）、車位謄本

A．另有載明單一建號地下一層、二層的通常為車位。有時候也會登記地上二層等，但是登記二樓以上的坪數會非常小，意思表示是可以單獨買賣的車位。

B．C．如何計算車位坪數：**首先**，先算出地下一層、二層的公設892.52平方公尺×（10000分之10）＋470.08平方公尺×（10000分之2464）＝116.72平方公尺**之後**，再加上地下一層、二層不含公設的總面積116.72＋278.69＝395.41總面積395.41×持分比例26分之10（權利範圍）＝152.08平方公尺（車位面積）＝46坪

其他登記事項顯示屋主有十個車位，所以一個車位是四．六坪，若權狀沒有登記車位編號，可以看大樓是否有分管協議書。

張淳淳教你30萬買屋當富豪——理財富媽媽1年賺
100,000,000的獲利筆記本／
張淳淳著. - - 初版. - - 臺北市 ： 趨勢文化
出版, 2007.07
面； 公分
ISBN 978-986-82606-3-4（平裝）
1. 不動產業 2.投資
554.89 96012618

張淳淳教你30萬買屋當富豪
——理財富媽媽1年賺100,000,000的獲利筆記本

作　　者：張淳淳
發 行 人：馮淑婉
編　　輯：曾姵寧
出版協力：施藍晶
出版發行：趨勢文化出版有限公司
台北市光復南路280巷23號4樓
電話：（02）8771-6611
傳真：（02）2776-1115

文字協力：陳安儀・Selena
攝　　影：張志清攝影工作室
梳 化 妝：林芳瀅
封面場地：張淳淳國際股份有限公司
封面設計：R-one
內頁設計：五餅二魚文化事業
作者網址：http://www.kiki-fit.com.tw
校　　稿：張淳淳・廖映嘉・曾姵寧

初版一刷：2007年7月16日
法律顧問：永然聯合法律事務所

讀者服務電話：8771-6611#55
ISBN：978-986-82606-3-4
Printed in Taiwan
本書訂價：新台幣288元

亞洲廚皇到你家01
金牌總大將教你
關鍵的那一味
☑愛上廚房的第一本聖經
作者 小象师傅
Chang.c.c
超豪華附贈
★★★★★
外景示範DVD
全長3小時、180分鐘
共2集、14堂課
市價900元!!

隨書加贈
三個孕期
完整瑜珈
動作 DVD
暢銷瑜珈天后——
LULU 強檔新書
10月上市
這次她將以一位媽咪與瑜珈天后的身分，針對產前三個孕期，設計最專業的瑜珈動作、幫助孕婦緩解不適、更順產！書中更分享lulu的孕婦細心叮嚀、以及所有好用的小撇步、小道具，例如：花精、精油、安胎食品等等，書中更首度公開lulu媽特調孕婦安胎營養食譜，包準讓每個媽咪都能跟lulu一樣漂亮又健康、舒舒服服的順產！
LULU 懷孕瑜珈　預約幸福中

好評熱賣中!!
LULU 著
露露胖公主
變身記
lulu
從70.kg大肥女
到當紅性感瑜珈天后
6年不間斷和肥胖對抗的變身心路歷程
打開性感天后lulu的神奇瘦身魔法盒